U0210002

东北地区入侵植物

主编 冯玉龙

科学出版社

北京

内 容 简 介

　　本书结合多年来对东北地区外来入侵植物综合考察的研究结果，收录了东北地区常见外来入侵植物，详细介绍其名称（中文名、学名、异名、中文别名）、形态特征、识别要点、生长习性、危害、防治方法、用途、原产地、首次发现时间与引入途径、传播方式、分布区域和参考文献，并配以彩色照片，内容丰富、资料翔实、图文并茂。

　　本书是东北地区及全国生物入侵研究工作者、植物学研究工作者、生物多样性保护工作者、植物保护工作者和高等院校相关专业师生的重要工具书和参考书。

图书在版编目（CIP）数据

东北地区入侵植物 / 冯玉龙主编. —北京：科学出版社，2020.5
ISBN 978-7-03-064549-4

Ⅰ．①东… Ⅱ．①冯… Ⅲ．①外来入侵植物 - 研究 - 东北地区
Ⅳ．① Q948.523

中国版本图书馆 CIP 数据核字（2020）第033861号

责任编辑：刘　丹 / 责任校对：严　娜
责任印制：师艳茹 / 封面设计：迷底书装

科 学 出 版 社 出版
北京东黄城根北街16号
邮政编码：100717
http://www.sciencep.com

北京九天鸿程印刷有限责任公司 印刷
科学出版社发行　　各地新华书店经销
*
2020 年 5 月第 一 版　　　开本：787×1092　1/16
2020 年 5 月第一次印刷　　印张：12
字数：285 000

定价：128.00 元
（如有印装质量问题，我社负责调换）

编写人员

主　编

冯玉龙

副主编

刘明超　许玉凤　王维斌

参　编

陈旭辉　董淑萍　葛云侠　关　萍

康宗利　孔德良　刘志翔　曲　波

邵美妮　王　惠　徐煜彬　张　昶

生物入侵已成为全球关注的热点问题之一，有效预防与控制外来生物入侵已成为社会各界广泛关注的焦点。东北地区是我国对东北亚地区开放的窗口，毗邻俄罗斯、朝鲜、韩国、日本等国，是我国边疆地区自然地理单元完整、自然资源丰富、开发历史悠久、经济联系密切的经济大区域，在全国经济发展中占有重要地位。随着全球一体化进程的飞速发展，同中国其他地区一样，东北地区外来生物入侵造成的危害也越来越严重。

有效预防与控制外来生物入侵的重要前提是要能识别外来入侵生物，要有第一手资料，明确入侵物种的分布、生境、危害原因与现状，以及防治措施等。沈阳农业大学植物环境生物学创新团队多年来一直致力于外来入侵植物方面的研究，通过文献查阅、标本比对、实地调查等方法，收集、整理了东北地区外来入侵植物相关资料。结合多年来对东北地区外来入侵生物综合考察的研究结果，到2016年12月31日为止，我们在东北地区共发现外来入侵植物113种（全国544种），分属28科（全国94科）82属。东北地区入侵植物中一年生或二年生草本最多，为86种，多年生草本24种，木本植物3种。三裂叶豚草、豚草、少花蒺藜草、刺萼龙葵、小蓬草和刺果瓜等10余种我国重要入侵植物在东北地区分布广泛，给当地社会经济发展造成了严重危害。

为使相关管理部门与广大科研工作者全面了解东北地区外来入侵植物情况，我们编写了本书。本书所收录的外来入侵植物符合以下3个标准：①原产地为中国境外，对于原产地尚未考证清楚的种类暂不收录；②已在自然生态环境中建立种群，并有逐渐扩大的趋势；③已对当地生物多样性、生态环境、农林业生产或人畜健康造成了一定影响和危害。

　　本书介绍了东北地区 28 科 113 种外来入侵植物的名称（中文名、学名、异名、中文别名）、形态特征、识别要点、生长习性、危害、防治方法、用途、原产地、首次发现时间与引入途径、传播方式、分布区域和参考文献，并配以彩色照片。

　　本书内容丰富、资料翔实、图文并茂，是东北地区及全国生物入侵工作者、植物学工作者、生物多样性保护工作者、植物保护工作者和高等院校相关专业师生的重要工具书和参考书。

　　本书受以下项目资助：国家重点研发计划项目（2017YFC1200101）、国家自然科学基金面上项目（31670545，31971557、31770583）、中国博士后科学基金（2018M641492）、辽宁省自然科学基金（20180551024）、辽宁省重点研发计划指导计划（2019JH8/10200017）。

主　编

2020 年 5 月

CONTENTS

目录

一、藜　科

1　杂配藜 *Chenopodium hybridum* L.

【异名】*Anserina stramonifolia*（Chev.）Montandon，*Atriplex hybrida* Crantz，*Botrys hybrida*（L.）Nieuwl.，*Chenopodium angulatum* Curtis ex Steud.

【英文名】mapleleaf goosefoot

【中文别名】大叶藜、鬼见愁、八角灰菜、大叶灰藜

【形态特征】藜科（Chenopodiaceae）一年生草本。茎直立，高40～120 cm，粗壮，具黄色或紫色条纹，无毛，上部有分枝，枝细长，斜升。叶互生，具长柄；叶片宽卵形或卵状三角形，长6～15 cm，宽5～12 cm，两面均呈亮绿色，无粉或稍有粉，先端急尖或渐尖，基部圆形、截形或略呈心形，边缘掌状浅裂，裂片2～3对，不等大；上部叶渐小，叶片多呈三角状戟形，边缘具少数裂片状锯齿或近全缘。花两性兼有雌性，排成松散圆锥状花序，顶生或腋生；花被片5，狭卵形，背部具纵隆脊并稍有粉；雄蕊5。胞果双凸镜状，果皮膜质，与种子贴生。种子横生，黑色，无光泽，表面具明显的深凹点，直径约2 mm。

【识别要点】叶片宽卵形或卵状三角形，两面均呈亮绿色，稍有粉，基部截形，边缘掌状浅裂。圆锥花序松散。

【生长习性】属C_4植物，生于田间、路边；海拔500～4000 m均可生长。单株种子产量大，可达上万粒，种子在干旱与荫蔽条件下有休眠，萌发率低（9.58%）。花期5～7月，果期8～9月，生育期70～90 d。

【危害】农田、果园和菜地常见的杂草之一，在农田与作物竞争营养；牲畜大量食用幼苗会引起硝酸盐中毒；甜菜大龟甲（*Cassida nebutosa*）的寄主之一，甜菜大龟甲将卵产在杂配藜上，成虫在其植株及残株处过冬；我国进境植物检疫三类危险性病害藜草花叶病毒（sowbane mosaic virus）的寄主之一，此病毒为害大豆、豇豆、菜豆、香石竹、苹果、菊、菠菜、洋李和葡萄等。

【防治方法】由于杂配藜种子有休眠的特性，在整个生长季均可发芽生长，因此必须反复铲除。大多数除草剂对该种都有效，但有些群体对三嗪（triazine）类除草剂有抗性。

【用途】全草可入药，能调经止血。

【原产地】欧洲及西亚。

【首次发现时间与引入途径】我国1864年于河北承德首次发现，随进口种子带入。辽宁于1914年在抚顺采集到标本；吉林于1918年在长白山采集到标本；黑龙江于1922年在哈尔滨采集到标本。

【传播方式】通过鸟和家畜携带散播，

也可通过农业生产活动，以及运输过程无意散播。

【分布区域】在东北主要分布于辽宁沈阳、大连、鞍山、抚顺、丹东、阜新、朝阳和铁岭，吉林延边和白山，黑龙江哈尔滨、伊春、绥化、大庆、鸡西、佳木斯和牡丹江。内蒙古、河北、北京、山东、浙江、陕西、山西、宁夏、甘肃、湖北、四川、重庆、云南、青海、西藏和新疆等地均有分布。我国大部分地区为其适生区。

幼苗　叶　植株　花序　群落

参 考 文 献

刘会良，宋明方，段士民，等. 2012. 古尔班通古特沙漠南缘32种藜科植物种子萌发策略初探［J］. 中国沙漠，32（2）：413-420

张秀荣，宋东宝，张艳贞. 1998. 甜菜大龟甲与寄主植物的关系［J］. 植物保护学报，25（2）：137-140

Horváth J，Juretic N，Wolf I，et al. 1993. Natural occurrence of sowbane mosaic virus on *Chenopodium hybridum* L. in Hungary［J］. Acta Phytopathologica et Entomologica Hungarica，28：379-389

2　中亚滨藜 *Atriplex centralasiatica* Iljin.

【异名】*Atriplex sibirica* var. *centralasiatica*（Iljin）Grubov, *Obione centralasiatica*（Iljin）Kitag., *Atriplex centralasiatica* var. *macrobracteata* H. C. Fu & Z. Y. Chu

【英文名】cantral Asia saltbush

【中文别名】马灰条、软蒺藜、中业粉藜、大灰条、碱灰菜

【形态特征】藜科（Chenopodiaceae）一年生草本。茎直立，高20～60 cm，多分枝。叶互生；有短柄或近无柄；叶片卵状三角形至菱状卵形，长2～3 cm，宽1～2.5 cm，边缘有疏锯齿，近基部的一对锯齿较大而呈裂片状，先端微钝，基部宽楔形至圆形，下面灰白色，被白粉。团伞花序生于叶腋，于

枝端及茎顶形成间断的穗状花序；雄花花被5深裂，裂片宽卵形，雄蕊5；雌花苞片2，扇形至扁钟形，果期膨大，包围果实，表面常有多数疣状或肉棘状附属物，也有部分苞片无附属物，边缘波状或具三角形牙齿。胞果扁平、宽卵形或圆形，果皮膜质，棕色，直径约3 mm，表面光滑，一侧有喙状突起。种子圆形，扁平，黑色、红褐色或黄褐色，有光泽，直径2～3 mm。

【识别要点】分枝黄绿色，密生粉粒。叶片菱状卵形至近戟形，下面苍白色，密生粉粒。花多数，集为团伞状。果实背部密生疣状突起，上部边缘草质。

【生长习性】属C₄植物，生于戈壁、荒地、河岸和盐碱化土，海拔50～4000 m均可生长。种子有休眠现象，萌发最适温度为30℃，耐低温，属非需光种子，但光照能促进种子萌发。花期6～7月，果期8～9月，生育期约180 d。

【危害】盐碱农田常见杂草；约占麦田杂草总数的9%，对小麦产量影响较大，严重妨碍机械收割，若收获时胞果混入谷物，则影响产品质量，并易引起小麦籽粒霉烂。

【防治方法】中亚滨藜种子与小麦籽粒大小差异较大，通过精选可筛除。进行水旱轮作，提高脱盐效果是控制中亚滨藜的根本措施。中亚滨藜对苯氧乙酸类除草剂敏感，可用二甲四氯钠盐进行防除。

【用途】带苞的果实称"软蒺藜"，具疏肝散风和明目行血功效；鲜草及干草均可作猪饲料，叶蛋白的粗制品可作为饲料添加剂，其精品可作为人类食品添加剂；能吸收土壤中盐分，减少土壤蒸发，阻止耕作层盐分积累，增加土壤有机质，改善土壤肥力，可用于改良盐渍土地。

【原产地】西亚、中亚地区。

【首次发现时间与引入途径】我国1921年首次于天津采集到标本，可能随进口种子带入。辽宁于1958年在锦西（现为葫芦岛市）首次采集到标本；吉林于1957年在白城首次采集到标本；黑龙江于1954年在安达首次采集到标本。

【传播方式】果实混杂在小麦种子中传播。

【分布区域】在东北主要分布于辽宁沈阳、大连、阜新、盘锦、锦州、葫芦岛和朝阳，吉林长春、四平和白城，黑龙江哈尔滨和绥化。新疆、青海、河北、宁夏、甘肃、内蒙古、陕西、西藏和山西等地均有分布。东北、西北和华北大部分地区为其适生区。

参 考 文 献

黄文娟，张越，梁继业，等. 2012. 光-温耦合条件对2种藜科植物种子萌发特性的影响［J］. 黑龙江生态工程职业学院学报，25（6）：35-37

刘玉新，张立宾，崔宏伟. 2006. 中亚滨藜的耐盐性及其对滨海盐渍土的改良效果研究［J］. 山东农业大学学报（自然科学版），37（2）：167-171

王玉珍，侯相山. 2005. 盐生植物——中亚滨藜的研究及用途［J］. 中国野生植物资源，24（1）：36-38

邢虎田，栗素芬. 1986. 中亚滨藜和野滨藜及其防除［J］. 新疆农垦科技，3（2）：29-30

二、苋　科

3　苋 *Amaranthus tricolor* L.

【异名】*Amaranthus mangostanus* L., *Amaranthus gangeticus* var. *angustior* Bailey, *Amaranthus amboinicus* Buch.-Ham. ex Wall., *Amaranthus bicolor* Nocca ex Willd.

【英文名】Chinese amaranth，flower gentle，three-coloured amaranth

【中文别名】三色苋、雁来红、老少年

【形态特征】苋科（Amaranthaceae）一年生草本。茎直立，高 80～150 cm，基部带红色，具棱槽，红色或绿色，通常分枝。单叶，互生；叶柄长 3～6 cm；叶片卵形或广卵形，长 5～8 cm，宽 3～5 cm，沿叶柄下延，全缘或微波状缘，除绿色外，常呈红色、紫色、黄色或绿紫杂色，两面均无毛。穗状花序下垂，小花成簇腋生和顶生，球形；苞片和小苞片干膜质，卵状披针形；花单性或杂性；花被片 3，矩圆形，具芒尖，宿存；雄蕊 3；花柱 3。胞果卵状圆柱形，长 2～2.5 mm，盖裂。种子近圆形或倒卵形，黑色或黑棕色，有光泽。

【识别要点】植株近无毛。茎直立，具棱槽，常分枝。叶片常呈红色和紫色。

【生长习性】属 C_4 植物，耐贫瘠、耐旱、耐盐碱，抗病虫能力强。种子繁殖。花期 5～8 月，果期 7～9 月，生育期 30～60 d。

【危害】菜地和农田常见杂草，生物量庞大，田间竞争力强，可大量挤占农田光、水和肥等资源，严重限制田间作物生长，危害玉米、大豆、棉花、薄荷和甘薯等，影响蔬菜及作物产量，可沿道路侵入自然生态系统。苋是露湿漆斑菌（*Myrothecium roridum*）的寄主之一，该菌侵染大豆、扁豆、茄、辣椒、甜菜和番茄等多种植物，引起茎基腐病、腐败病、漆腐病或轮纹病等。

【防治方法】中耕与翻地能减少其发生。在开花前人工铲除。烟嘧磺隆、溴苯腈和辛酰溴苯腈等除草剂均可防除。

【用途】嫩叶可食用。茎叶富含赖氨酸、胡萝卜素和多种维生素，可作为蔬菜食用，营养价值高。叶杂有各种颜色者可供观赏。根、果实及全草入药，有明目、利大小便、去寒热功效。对铅具有较强抗性，能富集镉、汞、砷、铅和铬等重金属，可用于矿山植被恢复。

【原产地】热带亚洲（印度）。

【首次发现时间与引入途径】我国大约在 10 世纪将苋作为蔬菜引入。

【传播方式】种子小，数量多，可随风力、交通运输工具、其他作物种子、带土苗木和草皮扩散。

【分布区域】广布东北三省。全国各地均有分布。我国大部分地区为其适生区。

植株

果穗（刘冰摄）

参 考 文 献

高霞莉，毛一梦，王爱民. 2012. 四种苋属植物种子萌发对策的研究 [J]. 种子，31（7）：51-53

林圣韵. 2013. 浅析进境粮谷中苋属杂草种子的检疫监管 [J]. 江西农业学报，25（1）：66-69

郑卉，何兴金. 2011. 苋属4种外来有害杂草在中国的适生区预测 [J]. 植物保护，37（2）：81-86

4　凹头苋 *Amaranthus blitum* L.

【异名】*Amaranthus ascendens* Loiseleur-Deslongchamps，*Amaranthus lividus* L.，*Amaranthus lividus* var. *ascendens* Thellung-Blom，*Euxolus ascendens*（Loiseleur-Deslongchamps）H. Hara.

【英文名】purple amaranth

【中文别名】野苋菜、光苋菜

【形态特征】苋科（Amaranthaceae）一年生草本。茎伏卧而上升，基部分枝，淡绿色，高15～30 cm，无毛。叶互生，较密；叶柄长1～4 cm；叶片卵形或菱状卵形，长1.5～4.5 cm，宽1～3 cm，顶端凹缺，具有1小芒尖，全缘或微波状缘。花簇生于叶腋，穗状花序或圆锥花序直立生于茎端和枝端；苞片及小苞片矩圆形；花被片3，矩圆形或披针形，长1.2～1.5 mm，淡绿色，顶端急尖；雄蕊3，比花被片稍短；柱头3，果熟时脱落。胞果扁卵形，长3 mm，不裂，微皱缩而近平滑，超出宿存花被片。种子圆形，直径约1.2 mm，黑色至黑褐色，有光泽，边缘锐。

【识别要点】全株无毛。茎伏卧而上升，基部分枝。叶顶端凹缺。果实近平滑。

【生长习性】属C$_4$植物，喜生于疏松土壤，常生于宅旁、河岸、山坡、路旁，或为田园杂草。耐寒、耐旱、耐瘠薄。海拔

500~2000 m均有分布。花期7~8月，果期8~9月，生育期约190 d。种子产量高，寿命长；种子萌发的适宜温度为30℃。

【危害】危害豆类、棉花、甘薯、薄荷、玉米、蔬菜、果树和烟草等，是农业生产重要害虫烟粉虱（*Bemisia tabaci*）和银叶粉虱（*B. argentifolii*）、蚜虫（*Aphis gossypii*）、水稻蚱蜢（*Hieroglyphus banian*）等的寄主；也是甜瓜、番茄、茄子和菊科植物细菌性叶枯萎病及马铃薯Y病毒（potato virus Y，PVY）、烟草花叶病毒（tobacco mosaic virus，TMV）和苜蓿花叶病毒（alfalfa mosaic virus，AMV）的寄主。

【防治方法】苗期人工拔除。16%新型嘧啶酰胺类除草剂防治效果好。苋是白锈菌（*Albugo candida*）的寄主，因此此菌具有生防潜力。

【用途】嫩叶可作蔬菜食用，亦可作饲料。全草和种子入药，清热利湿，用于肠炎、痢疾、咽炎、乳腺炎和毒蛇咬伤。

【原产地】美国南部和墨西哥。

【首次发现时间】我国于1919年首次在四川采集到标本。辽宁于1929年在沈阳首次采集到标本；吉林于1950年在长白山首次采集到标本；黑龙江于1956年在哈尔滨首次采集到标本。

【传播方式】结实量巨大，种子细小，易混杂在其他粮谷、种子中传播，可伴随自然界的风力、水力，以及人类或动物的活动传播，也可沿着铁路及通过其他交通运输工具传播。

【分布区域】广布东北。除内蒙古、宁夏、青海和西藏外，全国均分布。

幼苗

植株

参 考 文 献

高霞莉，毛一梦，王爱民. 2012. 四种苋属植物种子萌发对策的研究［J］. 种子，31（7）：51-53

林圣韵. 2013. 浅析进境粮谷中苋属杂草种子的检疫监管［J］. 江西农业学报，25（1）：66-69

郑卉，何兴金. 2011. 苋属4种外来有害杂草在中国的适生区预测［J］. 植物保护，37（2）：81-86

Costea M，Tardif FJ. 2003. The biology of Canadian weeds. 126. *Amaranthus albus* L.，*A. blitoides* S. Watson and *A. blitum* L.［J］. Canadian Journal of Plant Science，83（4）：1039-1066

Elaydam M，Biiki H. 1997. Biological control of noxious pigweeds in Europe：a literature review of the insect species associated with *Amaranthus* spp. worldwide［J］. Biocontrol News and Information，18（1）：11-20

5　北美苋 *Amaranthus blitoides* S. Watson

【异名】*Amaranthus graecizans* L.

【英文名】matweed，matweed amaranth，prostrate amaranth，prostrate pigweed

【中文别名】美洲苋

【形态特征】苋科（Amaranthaceae）一年生草本。茎伏卧或斜升，高 15～50 cm，从基部分枝，绿白色，无毛或近无毛。单叶，互生，无毛；叶柄长 5～15 mm；叶片倒卵形、匙形，偶见倒披针形或长圆状披针形，长 5～25 mm，宽 3～10 mm，先端钝或急尖，有凸尖，基部楔形，全缘，上面灰绿色，有光泽。花单性，雌花、雄花混生，集成花簇，花簇腋生，比叶柄短；苞片及小苞片披针形，长约 3 mm，先端急尖，有芒尖；花被片通常 4，稀 5，卵状披针形至长圆状披针形，长 1～2.5 mm，淡绿色，先端稍渐尖，有芒尖；雄蕊 3；柱头 3，顶端卷曲。胞果椭圆形，长 2 mm，环状横裂，上面带淡红色，近平滑，比最长花被片短。种子卵形，直径约 1.5 mm，黑色，稍有光泽。

【识别要点】高 15～50 cm，茎伏卧或斜升，基部分枝，绿白色。叶片倒卵形或匙形。

【生长习性】属 C₄植物，生于田野、路旁及荒地上，常在瘠薄干旱的沙质土壤上生长，海拔 400～2000 m 均有分布。种子繁殖。花期 8～9 月，果期 9～10 月。

【危害】一般性杂草；有时侵入中耕旱作物田及菜园，但发生量很小，不常见；可使猪和牛等家畜中毒；是甜菜主要害虫甜菜斑蛾（*Tetanops myopaeformis*）的寄主，十字花科植物黑腐病病菌 *Xanthomonas campestris* pv. *campestris* 的寄主；也是苜蓿花叶病毒、黄瓜花叶病毒、马铃薯 Y 病毒、番茄斑萎病毒、甜菜双粒病毒和甜菜线形病毒的寄主。

【防治方法】加强进口种子及货物检疫。2～4 叶期时施用 25% 砜嘧磺隆可防除。对截获北美苋种子的货物进行退运处理；对已生长的植株进行人工铲除；在进口港岸用水泥覆盖地面，防止种子入土定植生长。

【用途】可作为饲料。北美苋草酸盐和亚硝酸盐类含量低，在开花前叶可以作为蔬菜食用，叶含蛋白质 25.3%～32.9%。植株能积累砷、铅和铜等元素，可用来治理被污染的土壤。

【原产地】美国西部。

【首次发现时间与引入途径】我国 1875 年于辽宁发现，随进口货物带入。1958 年在辽宁建平采集到标本；黑龙江于 1988 年

植株

花序

在伊春采集到标本。

【传播方式】种子混杂在其他植物种子中或随水流传播。

【分布区域】在东北主要分布于辽宁沈阳、大连、阜新和朝阳，黑龙江哈尔滨、伊春、佳木斯、黑河、齐齐哈尔和绥化。北京、内蒙古、山东、湖北、山西和安徽等地均有分布。我国大部分地区为其适生区。

参 考 文 献

林圣韵. 2013. 浅析进境粮谷中苋属杂草种子的检疫监管 [J]. 江西农业学报, 25（1）: 66-69

Costea M, Tardif FJ. 2003. The biology of Canadian weeds. 126. *Amaranthus albus* L., *A. blitoides* S. Watson and *A. blitum* L. [J]. Canadian Journal of Plant Science, 83（4）: 1039-1066

6 刺苋 *Amaranthus spinosus* L.

【异名】*Amaranthus spinosus* f. *inermis* Lauterb. & K.Schum., *Amaranthus spinosus* var. *basiscissus* Thell., *Amaranthus spinosus* var. *circumscissus* Thell.

【英文名】careless weed, edlebur, prickly amaranth, prickly calalu, spiny amaranth, spiny pigweed, thorny amaranth, thorny pigweed

【中文别名】勒苋菜、笋苋菜、刺搜、假苋菜

【形态特征】苋科（Amaranthaceae）一年生草本。茎直立，高30～100 cm，无毛或稍有柔毛，圆柱形或钝棱形，多分枝，绿色或带紫色。单叶，互生，两面均无毛；叶柄长1～8 cm，无毛，两侧有2刺；叶片卵状披针形或菱状卵形，长3～12 cm，宽1～5.5 cm，基部楔形，顶端圆钝，全缘，无毛。圆锥花序腋生及顶生，下部顶生花穗常全部为雄花，苞片在腋生花簇及顶生花穗的基部者变成尖锐直刺，长5～15 mm，具凸尖，中脉绿色，小苞片狭披针形，长约1.5 mm；花被片绿色，顶端急尖，具凸尖，边缘透明，在雄花者矩圆形，长2～2.5 mm，在雌花者矩圆状匙形，长1.5 mm；雄蕊花丝略和花被片等长或较短；柱头3，有时2。胞果矩圆形，长1～1.2 mm，在中部以下不规则横裂，包裹在宿存花被片内。种子近球形，直径约1 mm，黑色或带棕黑色。

【识别要点】高30～100 cm，多分枝。叶柄旁有2刺。

【生长习性】属C_4植物，生于耕地、路旁和村边旷地，海拔350～1800 m均有分布。花期5～9月，果期8～11月，单株可产生上万粒种子。

【危害】在我国属检疫性杂草，是重要的危险性植物，被列入《中国第二批外来入侵物种名单》；危害旱作农田、蔬菜地及果园，严重消耗土壤肥力；有积累硝酸盐的能力，家畜过量食用后会引起中毒。成熟植株有刺，较难清除，并伤害人畜。花粉是一种重要的致敏原。

【防治方法】苗期及时人工锄草，花期前喷施除草剂草甘膦。

【用途】嫩茎叶可作菜食，具有很高的营养价值，富含蛋白质、脂肪、碳水化合物等多种营养成分。全草药用，清热除湿、凉血解毒、消肿止痛，疗蛇伤及用根外敷疮痈等。

【原产地】美国中部和南部低地。

【首次发现时间与引入途径】我国于1857年最早在香港采到标本，随人类活动传入。

【传播方式】农业生产活动和河流在刺苋的扩散传播中可能起到了主要作用。刺苋

种子小，数量大，可混杂在粮谷和其他植物种子中进行传播，也可随道路交通工具进行传播。

【分布区域】在东北主要分布于辽宁大连和铁岭，黑龙江哈尔滨。山东（北部）、河南（南部）、湖北（东南部）、浙江、安徽、江苏、江西、福建、湖南、广西、广东、海南，以及台湾大部分地区均为其适生区。

参 考 文 献

林圣韵. 2013. 浅析进境粮谷中苋属杂草种子的检疫监管［J］. 江西农业学报，25（1）：66-69

刘伟. 2006. 苋属入侵种的可能分布区预测及相关环境因子分析［D］. 北京：中国科学院植物研究所硕士学位论文

赵绮华，陈丽金，王锡忠，等. 2005. 刺苋花粉特异性变应原成分的分析研究［J］. 广州医学院学报，33（4）：1-3

郑卉，何兴金. 2011. 苋属4种外来有害杂草在中国的适生区预测［J］. 植物保护，37（2）：81-86

7　繁穗苋 *Amaranthus paniculatus* L.

【异名】*Amaranthus hybridus* subsp. *cruentus*（L.）Thell.，*Amaranthus hybridus* var. *paniculatus*（L.）Thell.

【英文名】wild amaranth

【中文别名】老鸦谷、西方谷、白苋菜、红粘谷、青苋、西风谷、鸦谷、云香菜

【形态特征】苋科（Amaranthaceae）一年生草本。茎直立，高1～2 m，粗壮，单一或分枝，具粗棱，绿色有时稍带淡红色。单叶，互生；叶柄长，与叶片近等长；叶片卵状长圆形或卵状披针形，长6～16 cm，宽3～6.5 cm，基部楔形，常带红色。花单性；圆锥花序顶生，由多数花穗构成，直立或下垂，多毛刺；花被片5，长圆状披针形，透明膜质；雄蕊5，超出花被；柱头3，有细齿。胞果卵形，环状横裂。种子直立，褐色至黑色，直径1 mm左右。

【识别要点】茎粗壮，具粗棱，绿色有时带淡红色。叶柄长。圆锥花序多毛刺。

【生长习性】短日照植物，喜温作物，在温暖气候条件下生长良好，适应性强，生长快，再生力强，耐干旱、耐瘠薄、耐酸性土壤，亦耐盐碱，耐寒力较弱，幼苗遇0℃低温即受冻害，成株遭霜冻后很快枯死，分布于海拔300～3000 m区域。花期6～8月，果期9～10月。种子繁殖。种子在5～8℃缓慢发芽，10～12℃发芽较快。生育期为117～123 d。

【危害】生长快，消耗土壤肥力。繁穗苋是露湿漆斑菌（*Myrothecium roridum*）的寄主之一，该菌侵染大豆、扁豆、茄、辣椒、甜菜和番茄等多种植物，引起茎基腐病、腐败病、漆腐病或轮纹病等。

【防治方法】加强进境北美洲等地区的大豆、玉米、小麦和大麦等粮食及矿砂等杂草检疫，检出苋属杂草，要对该批货物的接卸、运输、加工等全过程实施重点监管，严防扩散。开花前人工铲除；繁穗苋对一般的除草剂都很敏感，在4～6叶期喷洒草甘膦效果比较好。

【用途】苗期叶片含蛋白质21.8%、赖氨酸0.74%；成熟期叶片含蛋白质18.8%。繁穗苋的嫩茎叶可食。茎、叶比较柔软，营养价值较好，是猪、鸡等动物的优良青绿多汁饲料。繁穗苋籽粒中含蛋白质16%～18%、赖氨酸0.5%～0.8%、脂肪

7.5% 左右（其中不饱和脂肪酸占 95% 以上）、淀粉 61%。它可以作为食品营养添加剂。种子可酿酒，也可提取红色染料。植株亦可栽培供欣赏。

【原产地】北美洲。

【首次发现时间】我国最早于 1908 年在云南采集到标本。辽宁于 1952 年在彰武采集到标本；吉林于 1931 年在通化采集到标本；黑龙江于 1927 年在哈尔滨采集到标本。

【传播方式】种子小，数量多，易随风、水等传播；易混杂在粮谷、种子中传播，也可随铁路交通运输等传播。

【分布区域】在东北主要分布于辽宁沈阳、大连、本溪、抚顺、铁岭和营口，吉林长春和通化，黑龙江哈尔滨。北京、江苏、浙江、安徽和河南等地有栽培。华中、华南和华北大部均为其适生区。

植株上部

参 考 文 献

李文选. 1995. 繁穗苋是一种养猪的优质青饲料［J］. 湖北畜牧兽医，4：41

林圣韵. 2013. 浅析进境粮谷中苋属杂草种子的检疫监管［J］. 江西农业学报，25（1）：66-69

缪金伟，李扬. 2006. 繁穗苋利用价值及栽培技术［J］. 特种经济动植物，11：33

8 反枝苋 *Amaranthus retroflexus* L.

【英文名】American pigweed，carelessweed，common amaranth，pigweed redroot，redroot，redroot amaranth，reflexed amaranth，rough pigweed，wild-beet amaranth

【中文别名】野苋菜、西风谷

【形态特征】苋科（Amaranthaceae）一年生草本。茎直立，高 20～80 cm，稍具钝棱，淡绿色，有时带紫色条纹，单一或由基部分枝，被细毛。单叶，互生，两面被细毛；叶柄较长，为 3～5 cm；叶片菱状卵形或椭圆状卵形，长 5～12 cm，宽 4～7 cm，先端锐尖或微凹，有小芒尖，全缘或略呈波状缘，基部楔形。花杂性；圆锥花序直立，顶生及腋生，直径 2～4 cm，由多数穗状花序形成，顶生花穗较侧生者长；苞片及小苞片钻形，长 4～6 mm，白色，先端具芒尖；花被片 5，白色，膜质，具小凸尖；雄蕊 5，超出花被；雌花柱头 3。胞果扁卵形，环状横裂，包裹在宿存花被片内。种子直立，近球形，直径 1 mm，棕色或黑色，有光泽。

【识别要点】全株有细毛。茎单一或由基部分枝。叶柄较长。

【生长习性】属 C_4 植物，生于农田、路边或荒地；适应性极强，到处都能生长，不耐荫；海拔 600～3000 m 均可生长。硝态氮可能会增强反枝苋的竞争力。花期 7～8 月，果期 8～9 月。反枝苋种子埋藏三年半时间基本失去发芽能力。种子发芽适温 15～30 ℃，土层内出苗深度 0～5 cm。常温条件下，种子休眠期为 11 个月，用变温 20 ℃/35 ℃，或恒温 35～40 ℃ 可打破种子休眠。出苗最适宜的土壤相对湿度为 40%。

【危害】被列入《中国外来入侵物种名单（第三批）》，主要危害棉花、豆类、花生、瓜类、薯类、蔬菜等旱地作物，因其植株个体大，可严密遮光和阻碍通风，消耗大量肥力，降低作物产量。其茎叶积累的硝酸盐量足以致死家畜；对土著种有化感作用。有报道指出反枝苋能够引起人类皮肤过敏。反枝苋在番茄地中是列当的寄主，桃园和苹果园中是桃蚜的寄主，辣椒地中是黄瓜花叶病毒的寄主，马铃薯地中其严重感染马铃薯早疫病。同时，反枝苋也是小地老虎（*Agrotis ypsilon*）、美国牧草盲蝽（*Lygus lineolaris*）、欧洲玉米螟（*Ostrinia nubilalis*）的田间寄主。

【防治方法】人工拔除；可使用2,4-D、50%扑草净、50%利谷隆可湿性粉剂或砜嘧磺隆等除草剂防治。生防菌苋菜链格孢（*Alternaria amaranthi*-3）对反枝苋的防治非常有效。

【用途】嫩茎叶可作为蔬菜食用，含有丰富的铁、钙、胡萝卜素和维生素C，无草酸，钙含量约为菠菜的3倍，比豆制品高6～10倍，钙质易被人体吸收，被誉为"补血菜"。反枝苋含有多种氨基酸，尤其含赖氨酸；具有清热明目、收敛消肿、抗炎止血等功效。

【原产地】热带非洲。

【首次发现时间与引入途径】1905年在北京最早采到标本，可能随人类活动传入。辽宁于1910年首次在沈阳采集到标本；吉林于1950年在吉林发现；黑龙江于1931年镜泊湖采集到标本。

【传播方式】人为有意引进和农业活动的扩散传播可能起到了主要作用，也可通过鸟类的摄食随排泄物传播。种子体积小，数量大，可随风进行传播；可以混杂在粮谷、种子中进行传播；也可以随铁路交通运输等进行传播。

【分布区域】广泛分布于东北三省。我国除西藏、青海、新疆、四川（西部）以外的地区都有分布。

群落　　花序　　植株

参 考 文 献

高霞莉，毛一梦，王爱民. 2012. 四种苋属植物种子萌发对策的研究［J］. 种子，31（7）：51-53

姜述君，杨云强，石园园，等. 2010. 生防菌 *Alternaria amaranthi*-3 对反枝苋的防治效果［J］. 植物保护学报，37（1）：78-82

刘伟. 2006. 苋属入侵种的可能分布区预测及相关环境因子分析［D］. 北京：中国科学院植物研究所硕士学位论文

郑卉，何兴金. 2011. 苋属4种外来有害杂草在中国的适生区预测［J］. 植物保护，37（2）：81-86

9 皱果苋 *Amaranthus viridis* L.

【异名】*Amaranthus gracilis* Desf.，*Euxolus viridis*（L.）Moq.

【英文名】wild amaranth，wrinkled fruit amaranth，green amaranth，prince-of-Wales-feather，slender amaranth，tropical green amaranth

【中文别名】绿苋、野苋

【形态特征】苋科（Amaranthaceae）一年生草本。茎直立，40～80 cm，有不明显棱角，稍有分枝，绿色或带紫色，无毛。根与茎相接处淡红色。单叶，互生，两面均无毛；叶柄长3～6 cm；叶片卵形至卵状椭圆形，长2～6 cm，宽1.5～4.5 cm，顶端凹缺，稀圆钝，具小刺尖，基部广楔形，两面均无毛。花单性或杂性；圆锥花序顶生，有分枝，顶生花序比侧生者长；苞片和小苞片干膜质，披针形，小，不及1 mm；花被片3，膜质，矩圆形或倒披针形，顶端急尖；雄蕊3，短于花被片；柱头2～3裂。胞果扁球形，直径约2 mm，不裂，极皱缩，超出宿存花被片。种子凸透镜状，直径约1 mm，黑色或黑褐色，有光泽，具薄而锐的环状边缘。

【识别要点】全株无毛。叶顶端凹缺，具小刺尖。花被3，雄蕊3。果实不裂，极皱缩。

【生长习性】属 C_4 植物，喜生于疏松土壤中，耐旱性强，常生于宅旁、旷野、荒地、河岸、山坡、路旁，或为田园杂草，易在撂荒地形成单优种群落；海拔200～2700 m均可生长。种子小，产量高，单株可达一万至几十万粒。种子最适萌发温度为25℃，4～5月出苗，需光照，经越冬才能萌发。花期6～8月，果期8～10月。

【危害】在我国属检疫性杂草，是重要的危险性植物；为菜地和农田的常见杂草，危害玉米、大豆、棉花、薄荷、甘薯等生产，影响蔬菜及作物产量，也可沿道路侵入自然生态系统。皱果苋在不同生长时期和环境条件下均能积累硝酸盐，家畜过量食用会引起中毒；是茄二十八星瓢虫（*Henosepilachna vigintioctopunctata*，茄科与葫芦科植物重要害虫）和白菜白锈菌（*Albugo candida*）的寄主，也是苋生蒙加拉白粉菌（*Erysiphe munjalii* var. *amaranthicola*）的寄主。

【防治方法】幼苗期连根拔除，或果实成熟前将其茎蔓于基部割断，秋季收集干燥果实集中焚烧，均有一定防治作用。出苗前用24%果尔1000倍稀释液喷于土表，出苗

果实

植株（徐克学摄）

后用 56% 二甲四氯 600 倍稀释液喷洒茎叶。

【用途】嫩叶可作蔬菜食用，亦可作饲料。全草入药，有清热解毒、利尿止痛的功效。皱果苋含抗蚜基因，可开发抗蚜农药。

【原产地】热带非洲。

【首次发现时间与引入途径】1864 年在台湾首次发现，1910 年在安徽采到标本，随人类活动传入。辽宁于 1930 年在旅顺（现大连旅顺口区）采集到标本；吉林于 1931 年采集到标本；黑龙江最早的标本为大久保五成在哈尔滨采集。

【传播方式】可随农事操作、粮食调运和种苗运输等方式传播。

【分布区域】广布于东北三省。我国除西藏、宁夏、甘肃、青海、新疆和内蒙古（中西部）以外均为其适生区。

参 考 文 献

高霞莉，毛一梦，王爱民. 2012. 四种苋属植物种子萌发对策的研究［J］. 种子，31（7）：51-53

刘伟. 2006. 苋属入侵种的可能分布区预测及相关环境因子分析［D］. 北京：中国科学院植物研究所硕士学位论文

郑卉，何兴金. 2011. 苋属 4 种外来有害杂草在中国的适生区预测［J］. 植物保护，37（2）：81-86

Narang D，Ramzan M. 1984. *Amaranthus viridis*（Desf.）a new host plant of hadda beetle，*Henosepilachna vigintioctopunctata*（Fab.）（Coleoptera: Coccinellidae）［J］. Journal of the Bombay Natural History Society，81（3）：726

Singh NI. 1989. *Amaranthus viridis*：host of white rust caused by *Albugo candida*（Liv.）［J］. Indian Journal of Hill Farming，2（1）：93

10　合被苋 *Amaranthus polygonoides* L.

【异名】*Amaranthus polygonoides* subsp. *berlandieri*（Moq.）Thellung，*Amaranthus berlandieri*（Moq.）Uline & Bray，*Albersia polygonoides* Kunth，*Glomeraria polygonoides*（L.）Cav.，*Roemeria polygonoides*（L.）Moench，*Sarratia polygonoides* Moq.

【英文名】smartweed amaranth，tropical amaranth

【中文别名】泰山苋

【形态特征】苋科（Amaranthaceae）一年生草本。茎直立或斜升，高 10～40 cm，绿白色，下部有时淡紫红色，通常多分枝，被短柔毛，基部变无毛。单叶，互生；叶柄长 0.3～2 cm；叶片卵形、倒卵形或椭圆状披针形，长 0.6～3 cm，宽 0.3～1.5 cm，先端微凹或圆形，具长 0.5～1 mm 的芒尖，基部楔形，上面中央常横生一条白色斑带，干后不显，无毛。花簇腋生，总梗极短，花单性，雌雄花混生；苞片及小苞片披针形，长不及花被的 1/2。花被 4～5 裂，膜质，白色，具 3 条纵脉，中肋绿色；雄花花被片长椭圆形，仅基部联合，雄蕊 2～3；雌花花被裂片匙形，先端急尖，下部约 1/3 合生成筒状，果时筒长约 0.8 mm，宿存并呈海绵质，柱头 2～3 裂。果实胞果不裂，长圆形，略长于花被，上部微皱。种子双凸镜状，红褐色且有光泽，长 0.8～1 mm。

【识别要点】茎直立或斜生，绿白色，多分枝。叶片上部中央横生一条白色斑带，先端具芒尖。

【生长习性】生于路边、荒地、宅旁或田园；海拔 500 m 以下均可分布。种子繁殖，花果期9～10月。

【危害】一般性杂草。植株生物量大，竞争能力强，可与农田作物竞争光水肥等资源，严重影响作物生长和产量；易富集亚硝酸盐，家畜采食后会引起中毒症状。

【防治方法】在开花前及时拔除；对常见的除草剂比较敏感，草甘膦防治效果较好。

【用途】可作为蔬菜食用；也可作为家畜饲料。

【原产地】加勒比海岛屿、美国（南部至西南部）和墨西哥（东北部及尤卡坦半岛）。

【首次发现时间与引入途径】1979年先后在山东济南和泰安采到标本，随人类活动无意传入。辽宁于2005年在锦州采集到标本。

【传播方式】常随作物种子、带土苗木和草皮扩散，蔓延速度快。

【分布区域】在东北主要分布于辽宁大连、锦州。山东、北京和安徽等地也有分布。我国东北和华北地区为其适生区。

植株

参 考 文 献

李振宇，宋葆华，李法曾. 2002. 泰山苋的名实问题［J］. 植物分类学报，40（4）：383-384

林圣韵. 2013. 浅析进境粮谷中苋属杂草种子的检疫监管［J］. 江西农业学报，25（1）：66-69

11　白苋 *Amaranthus albus* L.

【异名】*Amaranthus gracilentus* L.

【英文名】tumble weed，tumble pigweed，tumbling amaranth，white pigweed，amarante blanche，herbe roulante

【中文别名】糠苋、细苋、野苋、猪苋、假苋菜、绿苋

【形态特征】苋科（Amaranthaceae）一年生草本。高30～50 cm，茎上升或直立，从基部分枝，分枝铺散，绿白色，有不明显棱角，无毛或具糙毛。叶片倒卵形或匙形，长5～20 mm，顶端圆钝或微凹，具凸头，基部渐狭，边缘微波状，无毛；叶柄长3～5 mm，无毛。花簇腋生，或呈短顶生穗状花序，有1或数花；苞片及小苞片钻形，长2～2.5 mm，稍坚硬，顶端长锥状锐尖，向外反曲，背面具龙骨；花被片长1 mm，比苞片短，稍呈薄膜状，雄花者矩圆形，顶端长渐尖，雌花者矩圆形或钻形，顶端短渐尖；雄蕊伸出花外；柱头3。胞果扁平，倒卵形，长1.2～1.5 mm，黑褐色，皱缩，环状横裂。种子近球形，直径约1 mm，黑色至黑棕色，边缘锐。

【识别要点】茎上升或直立，从基部分枝，绿白色，有不明显棱角。叶片倒卵形或匙形。胞果扁平，倒卵形，皱缩，环状横裂。

【生长习性】属C_4植物，常于瘠薄干旱的沙质土壤上生长，如旱田、休闲地、路边、村边、戈壁滩、荒漠草甸、荒地山坡等；海拔200～1800 m均可生长。白苋喜温暖，较耐热，生长适温23～27℃，20℃以下生长缓

慢，不耐涝。花期7～8月，果期9月。

【危害】一般性杂草；有时成为旱作物地和草坪杂草；可使猪、牛等家畜中毒；是银叶粉虱（*Bemisia argentifolii*）、蝴蝶幼虫（*Pholisora catullus*、*Meloidogyne incognita*），以及苜蓿花叶病毒、甜菜枯黄线虫和马铃薯Y病毒寄主；也是草莓潜环斑病毒（strawberry latent ringspot virus）的潜在寄主。

【防治方法】加强检疫；在开花前拔除；在4～6叶期时施用除草剂如草甘膦等。

【用途】幼嫩茎叶可作为蔬菜食用。

【原产地】北美洲大部分地区，包括阿拉斯加、加拿大和美国本土。

【首次发现时间】我国最早于1929年在天津采集到标本。黑龙江于1951年在安达采集到标本；辽宁于2014年在大连采集到标本。

【传播方式】种子小，数量多，可随风力、水力及人和动物活动进行传播，也可随交通运输工具、作物种子、带土苗木和草皮进行传播，蔓延速度快。

【分布区域】在东北主要分布于辽宁大连和朝阳，黑龙江哈尔滨、齐齐哈尔、伊春、绥化、佳木斯、牡丹江和大庆。天津、内蒙古、陕西、新疆、山西、广西和河南等地均有分布。我国东北和华北地区为其适生区。

植株

参 考 文 献

林圣韵. 2013. 浅析进境粮谷中苋属杂草种子的检疫监管［J］. 江西农业学报，25（1）：66-69

Costea M，Tardif FJ. 2003. The biology of Canadian weeds. 126. *Amaranthus albus* L.，*A. blitoides* S. Watson and *A. blitum* L.［J］. Canadian Journal of Plant Science，83（4）：1039-1066

12　尾穗苋 *Amaranthus caudatus* L.

【异名】*Amaranthus caudatus* var. *albiflorus* Moq.，*Amaranthus caudatus* var. *alopecurus* Moq.，*Amaranthus caudatus* subsp. *mantegazzianus*（Pass.）ined.，*Amaranthus caudatus* subsp. *saueri* V. Jehlík，*Amaranthus dussii* Sprenger，*Amaranthus edulis* Speg.

【英文名】foxtail，foxtail amaranth，incawheat，love-lies-bleeding，purple amaranth，red-hot-cattail，tassel-flower，velvet-flower

【中文别名】老枪谷、老仓谷、仙人谷

【形态特征】苋科（Amaranthaceae）一年生草本。茎粗壮，高达1.5 m，具棱角，单一或稍分枝，绿色，或常带粉红色，幼时有短柔毛。单叶互生；叶柄长1～15 cm，绿色或粉红色，疏生柔毛；叶菱状卵形或菱状披针形，长4～15 cm，宽2～8 cm，顶端短渐尖或圆钝，具小芒尖，基部宽楔形，全缘或波状，两面无毛，脉上疏生柔毛。花单性；圆锥花序顶生，下垂，由多数穗状花序组成，雄花及雌花混生于同一花簇；苞片和小苞片干膜质，红色，披针形；花被片5，透明膜质，顶端芒刺不明显，雄花花被片矩圆形，雌花花被片矩圆状披针形；雄蕊5，超出花被；花柱3，长不及1 mm。胞果近球形，直径3 mm，上半部红色。种子近球形，直径1 mm，淡棕黄色，有厚环。

【识别要点】叶片顶端较钝。花序下垂，中央分枝长，花被片比胞果短。种子有厚环。

【生长习性】生于田边、路埂及山坡旷地，耐瘠薄，耐干旱；海拔580～1200 m均可生长。花期7～8月，果期9～10月。

【危害】一般性杂草，发生量小，与作物、蔬菜和果树竞争光、水和养分，影响产量。

【防治方法】控制引种。

【用途】尾穗苋是一种食药兼用资源植物；营养价值高，在许多国家作为一种重要的蔬菜或农作物而被大量种植。尾穗苋种子资源丰富，其蛋白质含量高（16%～18%），其中赖氨酸和甲硫氨酸含量均比谷类或豆类高，可作家畜和家禽饲料。尾穗苋种子含尾穗苋凝集素（*Amaranthus caudatus* agglutinin，ACA），对同翅目害虫如蚜虫、褐飞虱和叶蝉等有明显的致死作用。根供药用，有滋补强壮作用。尾穗苋可供观赏，适宜种于花坛、花境，也可盆栽。

【原产地】泛热带地区。

【首次发现时间与引入途径】1925年在黑龙江哈尔滨采集到标本，作为蔬菜引进。吉林于1931年在蛟河采集到标本；辽宁于1952年阜新彰武采集到标本。

【传播方式】种子小，数量多，可随风力、水力、人和动物活动等进行传播；混杂在粮谷、其他植物种子中进行传播；也可随铁路、公路运输等传播。

【分布区域】在东北主要分布于辽宁沈阳和大连，黑龙江哈尔滨，吉林长春等。全国其他各地有栽培。

群落

参 考 文 献

林圣韵. 2013. 浅析进境粮谷中苋属杂草种子的检疫监管［J］. 江西农业学报，25（1）：66-69

刘南波，郑穗平. 2009. 尾穗苋种子萌发及愈伤组织的诱导研究［J］. 现代食品科技，25（1）：15-18

田华英，庞彩红，夏阳，等. 2011. 尾穗苋凝集素（ACA）基因植物表达载体的构建［J］. 山东农业科学，6：10-13

三、紫茉莉科

13　紫茉莉 *Mirabilis jalapa* L.

【异名】*Nyctago jalapa*（L.）DC.,
Mirabilis lindheimeri（Standl.）Shinners,
Mirabilis jalapa subsp. *lindheimeri* Standl.,
Jalapa congesta Moench

【英文名】beauty-of-the-night, false
jalap, four-o'clock, marvel of Peru

【中文别名】草茉莉、胭脂花、地雷花、
粉豆花

【形态特征】紫茉莉科（Nyctaginaceae）
一年生草本。根肥粗，倒圆锥形，黑色
或黑褐色。茎直立，高 20～80 cm，多分
枝，无毛或疏生细柔毛，节稍膨大。单叶对
生，叶柄长 1～4 cm，上部叶几无柄；叶纸
质，卵形或卵状三角形，长 3～12 cm，宽
3～8 cm，顶端渐尖，基部截形或心形，全
缘，两面均无毛；叶脉隆起。花常数朵簇
生枝端；总苞片钟形，5 裂，萼片状，长约
1 cm；花被呈高脚碟状，红色、黄色、白
色或粉红色；雄蕊 5，花丝细长，常伸出花
外，花药球形；花柱单生，线形，伸出花
外，柱头头状。瘦果球形，直径 5～8 mm，
革质，黑色，有棱，表面具皱纹，似地雷
状。种子胚乳白色粉质。

【识别要点】花被高脚碟状。瘦果球形，
表面具皱纹，似地雷状。种子胚乳白色粉质。

【生长习性】植株高大，生长迅速，易
移栽，耐盐、抗旱、抗寒和耐高温，对污
染环境具有一定的抗性；海拔 500～3000 m
均可生长。种子发芽适温 15～20℃。花期
6～10 月，果期 8～11 月。

【危害】属 C_4 植物，生长迅速，枝叶繁
茂，与周围植物争夺养分、水分、空间及光
照。根、茎、叶均能产生化感物质，对周围
植物的生长具有抑制作用，对周围的动物、
微生物也具有化学防御能力，其水溶性化感
物质能降低作物的有丝分裂指数，诱导染色
体畸变，具有一定的遗传毒性。

【防治方法】控制引种及移栽；苗期及
时拔除。

【用途】种子胚乳干后加香料，可制成
化妆用香粉。根药用，祛湿利尿，活血解
毒。叶可治疮毒。根的水提液具有一定降糖
作用；根的醇提物对大肠杆菌有一定的抑制
作用；植株所含蛋白质抑制剂紫茉莉抗病
毒蛋白（mirabilis antiviral protein，MAP）
对烟草花叶病毒（TMV）、黄瓜花叶病毒
（cucumber mosaic，CMV）、芜菁花叶病毒
（turnip mosaic virus，TuMV）具有较好的
抑制作用；浸提液对桃软腐病菌（*Rhizopus
stolonifer*）菌丝生长具有抑制作用，对一些
动物具有驱避或杀灭作用。紫茉莉对重金属
耐受性较高，在一定程度上能修复被镉、铅

等重金属污染的土壤。

【原产地】墨西哥。

【首次发现时间与引入途径】《植物名实图考》（1848）已有记载，作为观赏植物引入。辽宁于1957年在沈阳首先采集到标本。

【传播方式】果实可随水流、人类活动传播。

【分布区域】在东北主要分布于辽宁全省，吉林长春、吉林和白山，黑龙江哈尔滨、齐齐哈尔、绥化、牡丹江、伊春、鸡西、佳木斯、双鸭山、七台河和鹤岗，各地常作为观赏花卉栽培。在河北、北京、山东、河南、陕西、甘肃（南部）、四川、重庆、贵州、湖北、湖南、江西、福建、浙江、上海、江苏、安徽、广东和海南等地逸为野生。我国大部分地区为其适生区。

花序

花

群落

果实

参 考 文 献

李娟好，李明亚，张德志，等. 2006. 紫茉莉根水提物降血糖作用的研究［J］. 广东药学院学报，22（3）：299-300

彭跃峰，鲁红学，李娜. 2009. 紫茉莉提取物的抑菌活性［J］. 农药，48（2）：147-149

许桂芳，刘明久，李雨雷. 2008. 紫茉莉入侵特性及其入侵风险评估［J］. 西北植物学报，28（4）：765-770

薛生国，朱锋，叶晟，等. 2011. 紫茉莉对铅胁迫生理响应的FTIR研究［J］. 生态学报，31（20）：6143-6148

张益民，任玉锋，杨婷. 2011. 紫茉莉果实水提液对月见草种子萌发和幼苗生长的影响［J］. 中国农学

通报，27（28）：188-191

张益民. 2010. 紫茉莉入侵机制的研究进展［J］. 安徽农业科学，38（12）：6169-6170

周晓奎，马丹炜，周全全，等. 2008. 入侵植物紫茉莉遗传毒性的初步研究［J］. 西南植物学报，21（1）：152-156

Kubo S，Ikeda T，Imaizumi S，et al. 1990. A potent plant virus inhibitor found in *Mirabilis jalapa* L.［J］. Annals of the Phytopathological Society of Japan，56（4）：481-487

四、石竹科

14 麦蓝菜 *Vaccaria hispanica*（Mill.）Rauschert

【异名】*Vaccaria segetalis*（Neck.）Garcke, *Saponaria vaccaria* L., *Saponaria hispanica* Mill., *Vaccaria pyramidata* Medic.

【英文名】cow soapwort, cow cockle, cowherb

【中文别名】王不留行、麦兰菜、麦蓝子

【形态特征】石竹科（Caryophyllaceae）一至二年生草本。茎直立，高30～60 cm，中空，上部二叉状分枝。叶对生；无叶柄；叶片粉绿色，线状披针形或卵状披针形，基部圆形或近心形，略抱茎；背面中脉隆起。聚伞花序生于枝端，呈伞房状；花梗近中部有2枚鳞片状小苞片；萼筒卵状圆筒形，长11～12 mm，花后略增大，具5条翅状突起的脉棱，萼齿短小，三角形，先端锐尖，边缘膜质；花瓣比花萼长，长14～17 mm，下部渐狭呈爪状，先端常具不整齐的小齿；雌雄蕊柄极短，雄蕊10，隐于萼内；子房椭圆形，花柱2，细长。蒴果包于宿存萼内，近球形，先端4齿裂。种子近球形，橘红色至黑色，径约2 mm，表面密被小疣状突起。

【识别要点】叶对生，无叶柄，略抱茎。花梗中部有2枚鳞片状苞片，萼宿存。种子表面密被疣状突起。

【生长习性】喜凉爽环境，生于荒地、路旁，耐干旱、瘠薄，怕积水，易与小麦一起生长，适应性极强；海拔500～3000 m均可生长。种子无休眠期，极易发芽，发芽适温为15～20℃，种子寿命2～3年。花期4～7月，果期5～8月。

【危害】一般性杂草；多生于麦地，与麦类作物竞争营养。种子含有皂苷，对牲畜和鱼有毒性。

【防治方法】适当密植，可减少麦蓝菜发生。果实成熟前人工拔除防治；也可用麦草畏（dicamba）防治，每公顷用375～600 ml。一种夜蛾 *Euxoa ochrogaster* 能取食麦蓝菜，为潜在生防天敌。

【用途】种子（称王不留行）入药，有行血、调经、通乳及利尿之效；耳穴贴压王不留行籽可治疗带状疱疹、流行性腮腺炎、面神经麻痹、突发性耳聋等多种疾病。民间也用作兽药，对牛、马有强心、催乳、利尿、消炎、镇痛及止血之功效，麦蓝菜植株和种子均可以显著提高奶牛产奶量和乳品质。种子油可做机器润滑油。种子含淀粉50%左右，可造醋和酿酒。

【原产地】欧洲和亚洲（西部和北部）。

【首次发现时间与引入途径】我国于1906年在安徽采集到标本。黑龙江于1959年在集贤采集到标本，可能作为药用植物引入。

【传播方式】主要通过农事活动传播扩

散，也作为观赏花卉与药用植物引种而传播。

【分布区域】在东北主要分布于辽宁沈阳和大连，吉林长春、延边、辽源和白山，黑龙江哈尔滨、绥化、齐齐哈尔、黑河、双鸭山和鹤岗。新疆、山东等地均有分布。华北、西北和东北大部为其适生区。

花

果实

参 考 文 献

袁肖寒，顾成波，孟海洋，等. 2012. 麦蓝菜对奶牛产奶量及乳成分的影响［J］. 中国乳品工业，40（10）: 27-59

周俊，付宜和. 2001. 王不留行的临床新用途［J］. 时珍国医国药，12（6）: 560-562

Christian W，Lloyd D. 2011. First report of redbacked cutworm damage to cow cockle［*Vaccaria hispanica*（Mill.）Rauschert］, a potential new crop for western Canada［J］. Canadian Journal of Plant Science，91（2）: 425-428

Tanji A，Zimdahl RL，Westra P. 1997. The competitive ability of wheat（*Triticum aestivum*）compared to rigid ryegrass（*Lolium rigidum*）and cowcockle（*Vaccaria hispanica*）［J］. Weed Science，45（4）: 481-487

15 白花蝇子草 *Silene latifolia* Poir. subsp. *alba*（Mill.）Greuter et Burdet

【异名】*Silene pratensis*（Raf.）Godron et Gren. *Lychnis alba* Mill., *Lychnis pratensis* Raf., *Melandrium album*（Mill.）Garcke, *Melandrium vespertinum* Fr.

【英文名】bladder campion，white campion，evening campion

【中文别名】异株女娄菜、西欧蝇子草

【形态特征】石竹科（Caryophyllaceae）一年或二年生草本。茎直立，高 40～90 cm，分枝，下部被多细胞的短柔毛，上部被多细胞的软腺毛。茎下部叶椭圆形，基部狭窄成柄，抱茎，先端渐尖；茎上部叶渐狭，长圆状披针形或披针形，长 4～8 cm，宽 1～2.7 cm，表面绿色，背面色淡，两面及边缘密被短柔毛。花单性，雌雄异株，腋生或顶生，在茎顶形成多分枝的大花序，初较稠密，后逐渐稀疏，萼被腺毛及开展的单毛，萼齿三角状披针形，边缘具黏质腺毛，萼长 10～20 mm；雄花的萼筒状钟形，长 13～15 mm，具 10 脉，雄蕊 10；雌花萼广卵圆形，中部突出，往上狭窄，具20脉；花瓣白色，比萼长1倍左右，平展，2深裂，子房具5枚花柱。蒴果卵圆形，长1.5 cm，径1～1.2 cm，先端10齿裂，齿裂片成对联合，短而稍外倾。种子肾形，长1～1.3 mm，浅灰色或灰黑色，表面被同心圆状排列的疣状突起。

【识别要点】花单性，雌雄异株；萼齿三角状披针形；花冠白色，2深裂。蒴果10齿裂。种子表面具同心圆排列的疣状突起。

【生长习性】生于公路、铁路沿线沟旁、空闲地或耕地、沟渠旁；海拔200～1800 m均可生长。花期6～7月，果期7～8月，生育期30～40 d。

【危害】生于道路绿化带附近，影响景观；是苹果根腐病菌（*Corticium galactinum*）的寄主之一。

【防治方法】加强检疫；开花前割除，或用阔叶类除草剂。原产欧洲的两种昆虫天蓝龟甲（*Cassida azurea*）和淡金龟甲（*Cassida flaveola*）能取食其花和芽，可用于生物防治。

【用途】由于其性染色体属于XX/XY系统，雌性细胞中的两条X染色体中的一条发生异固缩，失去转录活性，可用作植物遗传学研究材料。

【原产地】欧洲和亚洲（西伯利亚、中亚）。

【首次发现时间与引入途径】我国最早的标本于1928年在南京采集，可能作为观赏花卉引入。辽宁于1932年在沈阳首次发现；黑龙江于2001年在牡丹江首次发现。

【传播方式】种子易混杂在作物和花卉种子及草皮中，随其运输而传播，修建道路时也能随施工工具传播。

【分布区域】在东北主要分布于辽宁沈阳和大连，吉林长春、吉林和白山，黑龙江哈尔滨、牡丹江、伊春和绥化。新疆、内蒙古、北京等地均有分布。我国东北、华北和西北地区均为其适生区。

花

花序

茎和叶

参 考 文 献

潘晓玲，皮锡铭. 1993. 蝇子草属和女娄菜属分合问题的研究［J］. 新疆大学学报（自然科学版），10（2）：86-94

曲秀春，刘祥君. 2001. 黑龙江省女娄菜属的一个新分布种［J］. 国土与自然资源研究，（1）：63-65

Cooley JS，Davidson RW. 1940. A white root rot of apple trees caused by *Corticium galactinum*［J］. Pathology，30（2）：139-148

16　肥皂草 *Saponaria officinalis* L.

【异名】*Lychnis officinalis*（L.）Scop.，*Silene saponaria* Fr. ex Willk. et Lange，*Lychnis saponaria* Jessen，*Bootia saponaria* Neck.，*Bootia vulgaris* Neck.

【英文名】bouncing bet

【中文别名】石碱花、草桂、香桂、香桃、石碱草

【形态特征】石竹科（Caryophyllaceae）多年生草本。高 20～100 cm，全株绿色无毛，基部稍铺散，上部直立。有横走地下根状茎。叶椭圆状披针形至椭圆形，长 15 cm，宽 5 cm，具光泽，明显三脉，密伞房花序或圆锥状聚伞花序；萼圆筒形，长 2～2.5 cm；花淡红、鲜红或白色；径约 2.5 cm，花瓣长卵形，全缘，凹头，爪端有附属物；雄蕊 5，超出花冠。果 1 室，长卵形，4 齿裂。种子圆形至肾形，稍扁，成熟时黑色，长 1.8～2 mm，表面密被微细的突起。

【识别要点】节膨大。叶片椭圆状，具三脉。长卵形果实 4 齿裂。种子密被微细突起。

【生长习性】生长强健，喜光，耐半阴、耐寒，在干燥地及湿地上均生长良好，对土壤的要求不严，生于铁路两侧、海滨荒山及坟地间；海拔 500～3000 m 均可生长。种子萌发时发芽不整齐，光照对种子萌发有抑制作用，低温促进其萌发，0 ℃（12 h 黑暗）/25 ℃（12 h 光照）或 0 ℃（16 h 黑暗）/25 ℃（18 h 光照）交替处理能打破肥皂草种子休眠，促进种子萌发。花期 6～9 月，果期 7～9 月，生育期约 150 d。

【危害】生长快速，易形成单优种群落；为中国植物图谱数据库收录的有毒植物，全草有毒，根和种子毒性较大。人误服其根的水浸液在几小时后出现瞳孔散大、昏迷等症状；家畜大量采食后呕吐、疝痛和下痢。

幼苗　　根状茎　　群落　　花　　果实

【防治方法】深翻地，去除根状茎。开花前人工拔除后将植株晒干。

【用途】根入药，有祛痰、治气管炎、利尿作用。花可拌沙拉，在啤酒的酿造过程中添加可产生泡沫。全株皆含皂素，皂素为一种活性较强的单链核糖体失活蛋白，可用于抗痛药物免疫毒素的研究；含皂苷，可作为温和的洗涤剂，用于清洗珍贵的衣料与织品。春季绿化可将其定植于庭院路边，做花坛、花径。

【原产地】地中海地区。

【首次发现时间与引入途径】1928年在大连采集到标本，作为药用植物引入。黑龙江于1950年在哈尔滨采集到标本。

【传播方式】种子混杂在其他作物种子中传播，根状茎可随其他植物的移栽和客土等传播。

【分布区域】在东北主要分布于辽宁沈阳、大连、铁岭、辽阳和鞍山，吉林长春和通化，黑龙江哈尔滨。我国大部分地区有栽培与野外逸生株。除西藏外，其他各地均为其适生区。

参 考 文 献

王永春，罗铮，曲超，等. 2007. 肥皂草种子的休眠和萌发特性初探［J］. 植物生理学通讯，43（3）：491-493

郑硕，李格娥，颜松民. 1993. 我国产肥皂草种子活性成分的研究［J］. 生物化学杂志，9（3）：377-380

17 麦仙翁 *Agrostemma githago* L.

【异名】*Agrostemma githago* var. *Pinicola*（Terechov）K. Hamme，*Agrostemma githago* var. *macrospermum*（Levina）K. Hammer，*Agrostemma gitthago* Retz.

【英文名】common corncockle，common soapwort

【中文别名】毒石竹、麦毒草、麦先翁、麦子花、田冠草

【形态特征】石竹科（Caryophyllaceae）一年生或二年生草本。茎直立，单一或分枝，株高30～80 cm，全株有白色长硬毛。叶基部合生；叶线形或线状披针形，长3～13 cm，宽2～10 mm；两面均有半贴生长白毛，背面中脉凸起。花大，径约3 cm，单生于茎顶及枝端；萼管长圆状圆筒形，长1.5～2 cm，外面被长柔毛，有10条凸起的脉，花后萼管加粗，裂片5，线形，长达3 cm；花瓣5，暗蔷薇色，比萼裂片短，先端截形，喉部无小鳞片，基部有长爪；雄蕊10，比花瓣短；花柱5，丝状。蒴果卵形，比萼管略长，为宿存萼管所包被，5齿裂，齿片向外反卷，与萼片互生，1室，内含种子数粒。种子圆肾形，长2.5～3.5 mm，黑色或近黑色，无光泽，背面宽圆，腹面狭，两侧稍凹陷，略呈楔形，表面有排列成同心圆状的、大小不整齐的棘状突起。

【识别要点】全株被白色硬毛。叶对生基部合生，中脉明显，叶基纤毛明显长于叶缘。花大，花瓣蔷薇色。蒴果卵球形，有棱。种子表面棘状突起大小不等，排列成同心圆形。

【生长习性】常见于半干旱的草原地带，生于麦田、路旁和草地，耐寒、耐干旱瘠薄；海拔100～500 m均可生长。花期6～8月，果期7～9月。

【危害】在我国北方地区常危害小麦、玉

米、大豆等农作物和草皮。由于该种的全株，特别是种子有毒，混入粮食中后，对人、畜和家禽的机体健康造成损害。

【防治方法】坚持种子流通标准化，加强种子管理，提高种子质量，严格控制疫区的种子外流。麦仙翁与麦类作物有一定的共生性，通过倒茬改变生境，可逐渐降低其发生。麦仙翁花色鲜艳，极易识别，且失水后易死亡，小面积麦田可于花期拔除。苯磺隆干悬浮剂与苄嘧磺隆可湿性粉剂对麦仙翁增多有较好防除效果。

【用途】全草药用，可治百日咳等症。全草也可作洗衣粉和牙膏等的原料。种子中含天然植物生长调节剂麦仙翁素（agrosfemin），能刺激小麦幼苗生长，增产效果明显，对蔬菜生长发育、营养繁殖有促进作用，并提高果树产量、果实品质，延长果实贮藏时间。

【原产地】地中海地区东部。

【首次发现时间与引入途径】19世纪在中国东北采集到标本，随种子调运带入。吉林于1931年在蛟河采集到标本；黑龙江于1950年在黑河采集到标本。

【传播方式】种子主要随作物（麦类）种子运输而传播。

【分布区域】在东北主要分布于辽宁沈阳和大连，吉林通化、白山、延边和吉林，黑龙江哈尔滨、绥化、黑河、双鸭山和大兴安岭。新疆、内蒙古、广西、江西、湖南和上海等地也有分布。我国东北和西北大部为其适生区。

植株

花

参 考 文 献

贾玉坤，黄耀坤. 1985. 麦仙翁素对果树、蔬菜生长及结实效应研究通过鉴定［J］. 黑龙江园艺，（3）：32

刘满仓. 1986. 麦仙翁及其防治的研究［J］. 内蒙古农业科技，（3）：26-27

叶文才，马骥，赵守训. 1997. 麦仙翁中促进小麦增产的活性氨基酸成分研究［J］. 中国药科大学学报，28（2）：65-68

五、商陆科

18 垂序商陆 *Phytolacca americana* L.

【异名】*Phytolacca decandra* L.，*Phytolacca acinosa* Roxb.

【英文名】common pokeweed，coakum，pokeweed，poke，pokeberry

【中文别名】美洲商陆、美国商陆、十蕊商陆、洋商陆

【形态特征】商陆科（Phytolaccaceae）多年生草本。根肥大，倒圆锥形。茎直立，高1～2 m，有时斜升，圆柱形，带紫红色。单叶互生，叶片长椭圆形，长15～30 cm，宽3～10 cm，质柔软。总状花序直立，顶生或侧生，长10～15 cm；花被片通常5，卵圆形，白色或淡红色；雄蕊10，花药淡红色；单雌蕊，心皮10，合生，柱头宿存。果穗下垂，浆果扁球形，紫黑色，有光泽。种子肾圆形，平滑。

【识别要点】茎紫红色。雄蕊10；心皮10。果穗下垂。

【生长习性】喜温暖，耐潮湿，常生于疏林下、路旁和荒地，对土壤要求不严；海拔200～3000 m均可生长。无性繁殖与有性繁殖能力强，种皮坚硬，种子寿命长达40年。花期6～8月，果期8～10月。种子硬实，可用低温低湿打破休眠。

【危害】重要的危险性植物，在新近清理过的土地易形成单优种群落；全株有毒，根及果实毒性最强，由于其根酷似人参，常被人误作人参服用。

【防治方法】严格控制引种。刈割根部三分之二以上能有效抑制根芽再生。可用精喹禾灵和草甘膦防治，但这些除草剂仅能杀死地上部分。紫穗槐替代能长期控制垂序商陆。

【用途】根可作商陆入药，具有止咳、利尿和消肿作用。果实和叶片可提取染料。垂序商陆能富集锰、镍和镉等重金属，可用于恢复矿山植被。茎叶提取物具有抗烟草花叶病毒（TMV）活性，具有开发为植物源农药的潜在价值。

【原产地】北美洲东部。

【首次发现时间与引入途径】《植物名实图考》记载清朝前已有栽培，1932年首次在山东青岛采到标本，作为观赏植物引入。辽宁于2007年首次在沈阳发现，作为药用植物引入。

【传播方式】多年生根和种子作为药用植物种源传播，果实易被鸟类、哺乳动物和爬行动物等取食，未消化的种子随以上动物的活动传播。

【分布区域】在东北主要分布于辽宁沈阳、大连和丹东，吉林吉林，黑龙江哈尔滨有栽培。河北、北京、天津、陕西、山西、山

东、江苏、安徽、浙江、上海、江西、福建、台湾、河南、湖北、湖南、广东、广西、四川、重庆、云南和贵州等地均有分布。我国除新疆、西藏外均为其适生区。

植株上部

花序

植株

果实（胡煜摄）

参 考 文 献

付俊鹏，李传荣，许景伟，等. 2012. 沙质海岸防护林入侵植物垂序商陆的防治 [J]. 应用生态学报，23（4）：991-997

林海珠，王宁，郑一敏，等. 2013. 商陆果实红色素的提取工艺研究 [J]. 现代食品科技，29（1）：170-173

马尧，陈得保，张洪刚. 2008. 不同处理方法对商陆种子发芽率的影响 [J]. 种子，28（5）：105-107

薛生国，叶晟，周菲，等. 2008. 锰超富集植物垂序商陆（*Phytolacca americana* L.）的认定 [J]. 生态学报，28（12）：6344-6347

张林龙，王华印. 2011. 商陆浆果天然植物染液的制备方法及其应用 [Z]. 中国：201010605522.6

庄武，曲智，曲波，等. 2009. 警惕垂序商陆在辽宁蔓延 [J]. 农业环境与发展，（4）：53-55

Ravikiran G，Raju AB，Venugopal Y. 2011. *Phytolacca americana*：a review [J]. International Journal of Research in Pharmaceutical and Biomedical Sciences，2（3）：942-946

六、十字花科

19　绿独行菜 *Lepidium campestre* L.

【异名】*Lepidium campestre*（L.）R. Br. f. *glabratum*

【英文名】glabrous field pepperweed

【中文别名】荒野独行菜、箭叶独行菜

【形态特征】十字花科（Brassicaceae）一年或二年生草本。茎单一，直立，高20～50 cm，上部分枝或不分枝。单叶互生，叶柄长5～7 cm；基生叶长圆形或匙状长圆形，长5～7 cm，全缘或大头羽状半裂，果期枯萎；茎生叶长圆形或三角状长圆形，长1.5～3 cm，顶端急尖或圆钝，基部箭形，抱茎，边缘疏生波状小齿。总状花序，果期延长；萼片椭圆形，长约1.5 mm；花瓣白色，倒卵形，长约2.5 mm，有爪；雄蕊6。果梗长5～6 mm，短角果宽卵形，长5～6 mm，上部边缘有翅，顶端微缺，果瓣粗糙，具鳞片状乳突，花柱和凹缺等长或超出。种子宽卵形，棕色，无翅，有突起，长约1.5 mm；子叶背倚。

【识别要点】上部茎生叶不裂，基部耳状或圆形。果梗水平生长，约与短角果等长；短角果顶端有翅，翅增厚并和花柱部分联合；花柱长于翅。种皮具波浪状突起，突起上及突起间分布有细条纹。

【生长习性】多生于山坡、荒地，抗旱、喜光、耐盐碱；海拔50～100 m均可生长。花期5～6月，果期6～7月，生育期30～40 d。

【危害】单株结种子数千粒至万粒，边成熟边脱落，易在稍干燥向阳处形成优势种群，对果园、林木危害较大。绿独行菜是潜叶蝇、跳甲、小菜蛾及十字花科根肿病的传播媒介。家畜食用后尿液带有怪味且颜色异常，奶牛食用后导致牛奶变成青绿色且带有辛辣味。

【防治方法】开花前人工铲除。化学防治可用50%氨基嘧磺酸水分散粒剂。

【原产地】欧洲、亚洲西部。

【首次发现时间与引入途径】我国于1950年5月在辽宁大连首次采集到标本，可能随进口种子引入。黑龙江于1982年在绥化肇东首次发现。

【传播方式】种子小，易混杂在其他植物果实、种子或根茬中传播；也能借水流、人畜及农具传播。

【分布区域】在东北主要分布于辽宁大连，吉林四平、松原和白城，黑龙江绥化和鹤岗。山东也有分布。东北至华北沿海地区均为其适生区。

参 考 文 献

张鹏咏.1995. 黑龙江省天然草场有毒有害植物分类、防除及利用的探讨［J］. 黑龙江畜牧兽医,（8）：

40-43

郑纪庆. 2006. 中国独行菜属及近缘果皮与种皮微形态研究和基于 *ITS* 基因序列分析探讨其系统关系〔D〕. 济南：山东师范大学硕士学位论文

20 密花独行菜 *Lepidium densiflorum* Schrad.

【异名】*Lepidium neglectum* Thell.，*Leptaleum longisilquosum* Freyn et Sint.，*Lepidium elongatum* Rydb.，*Lepidium pubicarpum* A. Nelson，*Lepidium ramosum* A. Nelson

【英文名】densiflowered pepperweed，common pepperweed

【中文别名】琴叶独行菜

【形态特征】十字花科（Brassicaceae）一年生或二年生草本。茎单一，直立，高10～30 cm，上部分枝，疏生柱状短柔毛。单叶互生，基生叶叶柄长5～15 mm；叶片长圆形或椭圆形，长1.5～3.5 cm，宽5～10 mm，顶端急尖，基部渐狭，羽状分裂，边缘有不规则深锯齿；茎下部及中部叶有短叶柄，叶片长圆披针形或线形，边缘有不规则缺刻状尖锯齿；茎上部叶线形，边缘疏生锯齿或近全缘，近无柄；所有叶上面无毛，下面有短柔毛。总状花序有多数密生花，果期伸长；萼片卵形，长约0.5 mm；无花瓣或花瓣退化成丝状，远短于萼片；雄蕊2～4。短角果圆状倒卵形，长2～2.5 mm，顶端圆钝，微缺，有翅，无毛。种子卵形，黄褐色，有不明显窄翅，长约1.5 mm；子叶背倚。

【识别要点】茎下部及中部叶长圆披针形或线形，边缘有不规则缺刻状尖锯齿。多数花密生为总状花序；花瓣无或丝状。短角圆状倒卵形。种子黄褐色。

【生长习性】多生于农田边、海滨、沙地和路边；海拔400～2300 m均可生长。夏季种子发芽，形成莲座状幼苗越冬。花期

5～6月，果期6～7月，生育期30～40 d。

【危害】一般性杂草，生物量小，危害轻，是十字花科霜霉病菌（*Peronospora parasitica*）的寄主；家畜食用后尿液有怪味且颜色异常，奶牛食用后导致牛奶变成青绿色且带有辛辣味。

【防治方法】深翻耕地是控制农田中密花独行菜的有效方法之一，也可通过短时积水，降低其生活力与竞争力来防治。春季开花前人工铲除，秋季拔除莲座状越冬幼苗。化学防治常用克阔乐、莠去津、赛克津、伴地农等除草剂，幼苗时化学防治效果较好。

【用途】种子落入水中以后，迅速释放出不溶水的黏性物质，可利用其作为生物制剂灭蚊。

【原产地】北美洲。

【首次发现时间与引入途径】我国于1931年在辽宁大连首次采集到标本，可能随进口植物种子引入。吉林于1932年在长春首次发现；黑龙江于1950年在哈尔滨首次发现。

【传播方式】种子小，易混杂在其他植物果实、种子或根茎中传播；也能依靠水流、人畜及农具传播。

【分布区域】在东北主要分布于辽宁沈阳、大连、鞍山、丹东、抚顺、本溪和营口，吉林长春、延边、白山、吉林和通化，黑龙江哈尔滨、伊春和绥化。河北、山东、甘肃及云南等地均有分布。东北至西北及西南地区均为其适生区。

植株　叶　果实　果序

参 考 文 献

韩刚，易世红，施雨露，等．1997．不同浸泡时间的密花独行菜种籽对黏粘库蚊幼虫效果之影响［J］．
　　白求恩医科大学学报，23（5）：496-497

张鹏咏．1995．黑龙江省天然草场有毒有害植物分类、防除及利用的探讨［J］．黑龙江畜牧兽医，（8）：
　　40-43

郑纪庆．2006．中国独行菜属及近缘果皮与种皮微形态研究和基于 *ITS* 基因序列分析探讨其系统关
　　系［D］．济南：山东师范大学硕士学位论文

21　北美独行菜 *Lepidium virginicum* L.

【异名】*Discovium gracile* Raf.，*Discovium ohiotense* DC.，*Lepidium diandrum* Medik. *Lepidium majus* Darracq，*Lepidium praecox* (Raf.) DC.

【英文名】virginia pepperweed

【中文别名】美洲独行菜、腺茎独行菜、大叶香荠、辣辣根、小团扇荠

【形态特征】十字花科（Brassicaceae）一年生或二年生草本。茎单一，直立，高20～50 cm，上部分枝，具柱状腺毛。基生叶

倒披针形，羽状分裂或大头羽裂，裂片大小不等，边缘有锯齿，两面有短伏毛；茎生叶有短柄，倒披针形或线形。总状花序顶生；萼片椭圆形，长 1 mm；花瓣白色，倒卵形，和萼片等长或稍长；雄蕊 2。短角果近圆形，有狭翅，顶端微缺。种子卵形，红棕色，无毛，边缘有窄翅；子叶缘倚或背倚。

【识别要点】茎生叶两面无毛。花冠白色，花瓣与萼片等长或稍长，雄蕊 2～4。种子红棕色。

【生长习性】通常生于路旁、荒地或农田中，耐旱；海拔 0～1000 m 均可生长。部分种子于夏季发芽，形成莲座状幼苗越冬。花期 4～5 月，果期 6～7 月。

【危害】一般性杂草，旱地发生严重，通过养分竞争、空间竞争和化感作用影响小麦、玉米、大豆、花生、荞麦等作物的正常生长，造成作物减产；也是棉蚜、麦蚜和潜叶蝇等害虫的寄主，以及甘蓝霜霉病病原体和白菜病毒等的中间寄主。

【防治方法】加强检疫，严禁随意调运混有北美独行菜种子的种苗。深翻耕地可减少农田该草数量，短时积水能降低其生活力与竞争力。春季开花前人工铲除，秋季拔除莲座状越冬幼苗。化学防治常用克阔乐、莠去津、赛克津、伴地农等除草剂，幼苗时化学防治效果较好。

【用途】全草可作饲料；种子含油，可供食用；辽宁、吉林和河北等地以此种子入药，有利水、平喘的作用。

【原产地】美洲。

【首次发现时间与引入途径】我国于 1910 年在福建连江采集到标本，可能随粮食作物的种子引入。黑龙江于 1956 年在尚志采集到标本；吉林于 1954 年在磐石采到标本；辽宁于 1933 年在旅顺（现大连旅顺口区）采集到标本。

【传播方式】种子小，易混杂在其他植物果实、种子或根茎中传播。北美独行菜喜生于草坪，可借助草皮移植传播；也能依靠水流、人畜及农具传播。

【分布区域】在东北主要分布于辽宁沈阳、大连和辽阳，吉林通化、延边，黑龙江哈尔滨、绥化。安徽、福建、广东、广西、湖南、湖北、河南、上海、江苏、江西、内蒙古、山东、台湾、云南、浙江、海南、贵州等地均有分布。我国大部分地区为其适生区。

果序

花序

部分植株

参 考 文 献

张鹏咏. 1995. 黑龙江省天然草场有毒有害植物分类、防除及利用的探讨 [J]. 黑龙江畜牧兽医，（8）：40-43

郑纪庆. 2006. 中国独行菜属及近缘果皮与种皮微形态研究和基于 *ITS* 基因序列分析探讨其系统关系 [D]. 济南：山东师范大学硕士学位论文

22 群心菜 *Cardaria draba*（L.）Desv.

【异名】*Lepidium draba* L.

【英文名】whitetip，hoary cress

【形态特征】十字花科（Brassicaceae）多年生草本。地下茎横走；地上茎单一，直立，高20～50 cm，上部分枝或不分枝，被弯生单毛，基部较多，向上渐少。基生叶及茎下部叶有柄，茎中部和上部叶无柄，基生叶花期枯萎；叶片倒披针形，先端稍钝，边缘波状，两面有较多弯生单毛，长圆形，长3～7 cm，宽1.5～2.5 cm，基部心状箭形，抱茎，先端钝，有小锐尖头，边缘疏生波状牙齿，两面有弯生毛。总状花序呈伞房状；花小，白色，芳香；萼片卵状广椭圆形，长1.5～2 mm，有白色宽边，无毛；花瓣倒卵形，基部渐狭成爪，比萼片长1倍；雄蕊6；短角果不开裂，膨胀，无翅，广心形或近球形，长3～4.5 mm，宽大于长，无毛，基部心形，先端全缘，花柱宿存，长约1.5 mm。种子1粒，椭圆形或广卵形，稍扁，棕黄色，边缘无翅；子叶背倚。

【识别要点】根状茎黄白色，横走。总状花序呈伞房状，花白色。短角果卵形或近球形，有不明显网状脉，花柱宿存。种子棕黄色，边缘无翅。

【生长习性】多生于山坡路边、田间、河滩、水沟边；海拔200～400 m均可生长。花期5月，果期6月，生育期30～40 d。

【危害】种子细小，易于传播；繁殖能力强，每株能产生上千粒种子；萌发早，生长快，根状茎发达，萌枝多，易构成单优种群落。

【防治方法】严格检疫，严禁随意调运混有群心菜种子的粮食、草种等。开花前人工铲除，并拔除地下根状茎，晒干。0.5%草甘膦粉剂防治效果较好。

【用途】早春辅助蜜源植物。民间用来治疗感冒、炎症和疮疖等。

【原产地】欧洲和亚洲西部。

【首次发现时间】辽宁于1930年在大连采集到标本；黑龙江于1982年在绥化肇东首次发现。

【传播方式】种子小，易混杂在其他植物果实、种子或根茎中传播；也能借水流、人畜及农具传播。

【分布区域】在东北主要分布于辽宁大连，黑龙江绥化。新疆、四川、西藏和甘肃等地均有分布。东北、华北及西北均为其适生区。

群落

植株

参 考 文 献

邓彦斌，王虹，姜彦成. 1997. 群心菜花蜜腺的发育解剖学研究［J］. 云南植物研究，19（3）：275-279

李建龙，蒋平. 1991. 使用草甘膦防除两种恶性杂草的研究［J］. 新疆师范大学学报（自然科学版），（1）：39-44

刘伟新. 2008. 群心菜的生药学研究［J］. 中国民族民间医药，（1）：15-16

23 田芥菜 *Sinapis arvensis* L.

【异名】*Brassica kaber*（DC.）L. C. Wheeler，*Brassica xinjiangensis* Y. C. Lan et T. Y. Cheo，*Sinapis kaber* DC.，*Brassica sinapistrum* Boiss.，*Sinapis arvensis* var. *nilotica* O. E. Schulz

【英文名】wild mustard，charlock mustard

【中文别名】新疆白芥、野欧白芥、田野白芥、新疆野生油菜、野芥、自生油菜

【形态特征】十字花科（Brassicaceae）一年生或二年生草本。茎直立，高20～90 cm，有分枝，被硬毛或近光滑。下部叶具柄，羽状分裂或具粗齿，上部叶渐次减少，具疏齿，基部不抱茎。总状花序；花黄色，直径约1.5 cm；萼片4，近相等，内轮萼片成囊状；花瓣白色，倒卵形，长约2.5 mm，有爪；四强雄蕊，花丝基部具蜜腺。长角果，线形，长1～2 cm，宽1.5～2.5 cm，表面光滑或具极稀少的毛，先端具喙，长2.5～4 mm；基部有种子1粒；果实2瓣裂，每果瓣及其喙有3条平行脉，内含种子5～10粒。种子球形或椭圆形，直径1～1.5 mm，通常黑色，有时呈暗红褐色，表面光滑，具很不明显的细网纹，略有光泽，种脐较大，近白色。

【识别要点】茎密被倒生的刺毛；叶腋或分枝基部有一明显紫斑；主茎基叶为椭圆形、全缘，中部叶分裂，上部叶为披针形，且不抱茎。内轮萼片呈囊状，花瓣白色。长角果先端具喙，每果瓣及喙有3条平行脉，果喙基部有1粒种子。种子暗红褐色，种脐大，白色。

【生长习性】生于牧场、田野、路旁、荒地和田边，对土壤要求不严，喜石灰质土壤，喜光，也能耐湿；海拔0～1400 m均可生长。种子量大，每株可产种子2000～3000粒，种子在土壤中休眠可达60年。花期5月，果期6～7月，生育期约90 d。

【危害】一般性杂草。根系发达，生长势强，与栽培作物竞争营养和水分，导致小麦、大麦、燕麦、玉米、大豆、马铃薯等作物严重减产；与油菜混生除降低油菜产量外，还提高油菜芥酸和硫代葡糖苷含量；招引昆虫、线虫、真菌、病毒和细菌等，对作物特别是十字花科作物造成危害；家畜大量食用其茎叶引起中毒，重者死亡；种子含白芥子苷（alkaloidal glucoside sinalbin）等有毒物质。加拿大的《种子条例》将其列为主要"毒草"，并将其在作物商品种子中的数量限制在最小范围。

【防治方法】加强检疫，防止种苗中混杂种子。精细选种，清除田芥菜种子；加强田间管理，轮种倒茬，秋耕冬灌，灌留茬水、苗期中耕等可在一定程度防除田芥菜；开花前人工铲除。化学防治可用50%氨基嘧磺酸水分散粒剂。

【用途】幼苗可食用，种子油和蛋白质含量较高，油可食，或在工业上可作润滑油。

【原产地】欧洲。

【首次发现时间与引入途径】1990年新疆有报道，1995年确定为新疆野生油菜即田芥菜，可能随种子调运或交通无意引入。黑龙江于1990年在哈尔滨采集到标本。

【传播方式】种子小，易混杂在他植物果实、种子或根茬中传播；也能靠风、水流、人畜及农具传播。

【分布区域】在东北主要分布于辽宁大连、黑龙江哈尔滨、五常、绥化和齐齐哈尔。内蒙古、河北、山西、陕西、山东、甘肃、宁夏、青岛、新疆、福建、江苏、浙江、江西、湖北、湖南、四川、贵州、云南和西藏等地也有分布。全国均为其适生区。

参 考 文 献

官春云. 1994. 国外关于 *Sinapis arvensis* L. 的一些研究 [J]. 湖南农学院学报, 20 (5): 500-512

官春云. 1995. 野芥 (*Sinapis arvensis* L.) 在中国的发现及意义 [J]. 作物研究, 9 (增刊): 39-40

罗宽. 1983. 国外十字花科霜霉病与白锈病研究 [J]. 湖北农业科学, (9): 38-39

24 欧洲庭荠 *Alyssum alyssoides* (L.) L.

【异名】*Clypeola alyssoides* L., *Alyssum calycinum* L., *Psilonema alyssoides* (L.) Heideman, *Psilonema calycinum* (L.) C. A. Meyer.

【英文名】yellow alyssum, small alison, pale madwort

【中文别名】欧庭荠

【形态特征】十字花科 (Brassicaceae) 一年生草本。茎基分枝，高 10~20 cm，分枝初仰卧，后直立，上部再分枝或否。茎生叶较多，叶片窄长圆状条形或窄长圆状倒卵形，以中、上部的叶最长，长 1.7~2.5 cm，宽 1.5~2.5 mm，顶端急尖、钝尖或钝圆，基部渐窄成柄。花序伞房状，果期伸长；萼片窄椭圆形，两端收缩，顶端渐尖，有窄白边缘，长约 3 mm，宽约 1.5 mm，外面除星状毛外，还杂有长、短单毛，宿存；花瓣白色或淡黄色，条状，长约 3.5 mm，宽 0.5~0.7 mm，顶端 2 浅裂，基部渐窄，爪不明显，外面有微小单毛与少数星状毛；雄蕊 6 枚，花丝无翅与齿。短角果有窄边，中间凸起，顶端微凹；果梗长 2~3.5 mm，斜向上展开，星状毛中杂有长单毛。种子每室 2 粒，梨状卵形，长约 1 mm，黄褐色。

【识别要点】茎于基部分枝，分枝初仰卧，后直立。花序伞房状；萼片宿存。短角果有窄边，中间凸起，顶端微凹。种子黄褐色，梨状卵形，每室 2 粒。

【生长习性】多生于路边、荒地、农田、宅旁、海边；海拔 0~1800 m 均可生长。花期 5~6 月，果期 6~7 月，生育期约 90 d。

【危害】一般性杂草，危害不大。

【防治方法】加强检疫，防止种苗中混有欧洲庭荠的种子和根茎。开花前人工铲除。化学防治可用 50% 氨基嘧磺酸水分散粒剂。

【用途】种子亚麻酸、芥酸、亚油酸和油酸含量较高，有一定开发潜力。

【原产地】欧洲。

【首次发现时间与引入途径】我国于 1930 年在辽宁旅顺 (现大连旅顺口区) 首次采集到标本，随进口种子带入。

【传播方式】种子小，易混杂在其他植物果实、种子或根茬中传播；也能靠水流、人畜及农具传播。

【分布区域】在东北主要分布于辽宁大连。东北至华北沿海地区均为其适生区。

参 考 文 献

孙小芹，庞慧，郭建林，等. 2011. 十字花科58属94种野生植物种子脂肪酸组分分析［J］. 林业化学
与工业，31（6）：46-54

25 粗梗糖芥 *Erysimum repandum* L.

【异名】*Erysimum rigidum* DC.，*Erysimum comperianum* Turcz.，*Cheirinia repanda*（L.）Link，*Crucifera repanda* E.H.L.Krause

【英文名】spreading wallflower，bushy wallflower，treacle mustard

【中文别名】粗柄糖芥

【形态特征】十字花科（Brassicaceae）一年生草本。茎直立，高15～30 cm，多从基部分枝，上部分枝常伸展，具2～3叉毛。单叶互生；叶柄长1～1.5 cm，茎上部叶无柄；叶片椭圆状长圆形，窄倒披针形至线形，长4～5 cm，宽4～5 mm，顶端急尖，基部渐狭，边缘具波状牙齿至近全缘。总状花序顶生，少数下部花有1～2苞片；萼片长圆形，长约4 mm；花瓣黄色，匙形，长约8 mm，顶端圆形，爪长约5.5 mm；雄蕊6。长角果近圆筒状或线状长圆形，长3～9 cm，宽1～1.5 mm，侧扁，开展，具贴生2～3叉毛，相当种子间处稍缢缩，果瓣具1中脉；花柱极短或无，柱头头状，2裂；果梗和长角果等粗，开展，长约3 mm。种子长圆状椭圆形，长约1 mm，褐色。

【识别要点】上部茎生叶不裂，基部耳状或圆形。果梗与长角果等粗。种子椭圆形、褐色。

【生长习性】多生于路边、荒地、草场等处，喜光，在肥沃的壤土或黏壤土生长良好；海拔240～1400 m均可生长。花期4～6月，果期5～9月，生育期30～40 d。

【危害】一般性杂草。

【防治方法】在开花前人工铲除。化学防治可用50%氨基嘧磺酸水分散粒剂。

【原产地】欧洲、亚洲西部及非洲北部。

【首次发现时间与引入途径】1929年在辽宁旅顺（现大连旅顺口区）采集到标本，随进口种子引入。

【传播方式】种子小，易混杂在他植物果实、种子或根茬中传播；也能靠水流、人畜及农具传播。

【分布区域】在东北主要分布于辽宁大连。新疆也有分布。东北、华北沿海地区均为其适生区。

参 考 文 献

孙小芹，庞慧，郭建林，等. 2011. 十字花科58属94种野生植物种子脂肪酸组分分析［J］. 林业化学
与工业，31（6）：46-54

Sukhorukov AP. 2012. New invasive alien plant species in the forest-steppe and northern steppe subzones of
European Russia：secondary range patterns，ecology and causes of fragmentary distribution［J］. Feddes
Repert，122（3-4）：287-304

26 二行芥 *Diplotaxis muralis*（L.）DC.

【异名】*Sisymbrium murale* L.，*Brassica brevipes* Syme，*Sinapis muralis*（L.）R. Brown.

【英文名】annual wall rocket，cross weed，sand rocket，stinking wall rocket，wall mustard，stinkweed，wild arugula

【中文别名】二列芥、双趋芥

【形态特征】十字花科（Brassicaceae）一年生或二年生草本。茎多数，上升，高 10～50 cm，有水平或逆向伸展硬毛。单叶互生，叶柄长达 3 cm，上部叶有短柄，长圆形；基生叶莲座状，轮廓长圆形或匙形，长 5～10 cm，宽 5～20 mm，大头羽状浅裂、深裂或具弯缺状齿，顶裂片长圆状倒卵形，有少数牙齿，侧裂片约 3 对，长圆三角形，全缘或有少数牙齿；所有叶两面或下面有硬毛或无毛。总状花序具多数花，果期延长；萼片长圆形，长 3～4 mm；花瓣黄色，后成褐紫色，倒卵形，长 6～8 mm，具短爪；雄蕊 6。长角果长圆形，长 2～4 cm，直立开展，扁压，果瓣无毛，有显明中脉，喙圆柱形，长约 1 mm；果梗长 1～1.5 cm。种子椭圆形，长约 1 mm，黄褐色。

【识别要点】茎具水平或逆向伸展硬毛。花瓣黄色，后成褐紫色。长角果长圆形，直立开展，扁压，果瓣无毛，有显明中脉，喙圆柱形。种子 2 列。

【生长习性】多生于海边、路边、码头和牧场等处；海拔 80～2000 m 均可生长。花果期 4～8 月，生育期 30～40 d。

【危害】一般性杂草。

【防治方法】在开花前人工铲除。化学防治可用 50% 氨基嘧磺酸水分散粒剂。

【原产地】欧洲、亚洲西部和非洲北部。

【首次发现时间与引入途径】我国于 1963 年在辽宁大连首次采集到标本，随船舶压舱水引入。

【传播方式】种子小，易混杂在其他植物果实、种子或根茎中传播；也能借水流、人畜及农具传播。

【分布区域】在东北主要分布于辽宁大连。东北和华北沿海地区均为其适生区。

植株

花

参 考 文 献

Eschmann-Grupe G，Hurka H，Neuffer B. 2003. Species relationships within *Diplotaxis*（Brassicaceae）and the phylogenetic origin of *D. muralis*［J］. Plant systematics and Evolution，243（1-2）：13-29

Fitz-John RG，Armstrong TT，Newstrom-Loyd LE，et al. 2007. Hybridisation within *Brassica* and allied genera：evaluation of potential for transgene escape［J］. Euphytica，158：209-230

Herbert H，Walter B，Barbara N．2004．Evolutionary processes associated with biological invasions in the Brassicaceae［J］．Biological Invasions，5（4）：281-292

27 两栖蔊菜 *Rorippa amphibia*（L.）Bess.

【异名】*Armoracia amphibia*（L.）Peterm.，*Brachiolobos amphibius*（L.）All.，*Cochlearia amphibia*（L.）Ledeb.，*Nasturtium natans* DC.，*Sisymbrium amphibium* L.

【英文名】great yellowcress，water yellow cress，marsh yellow cress

【中文别名】水荠菜

【形态特征】十字花科（Brassicaceae）多年生草本。根系发达，主根长而粗，有少数分枝，其上密布须根。茎直立，有少数分枝，细弱，高 30～90 cm，具纵条纹，被稀疏绒毛。基生叶和茎下部叶略大，基部渐狭呈叶柄状；中部以上的叶渐小，基部不呈柄状，而稍呈耳状抱茎；叶片长椭圆形至短椭圆形，长 3～6 cm，边缘有不整齐的锯齿但不分裂，无毛，果期时枯萎。总状花序顶生，长 7～12 cm，相互排列成圆锥花序；花梗长 6～11 mm；萼片 4，长 2～3 mm；花瓣 4，黄色，匙形，长 3～6 mm；雄蕊 6，不超出花瓣；花柱长 1～2 mm，柱头头状。角果无毛，椭圆形至卵状椭圆形，长 3～4 mm，直径约 1 mm；果瓣无脉纹。种子红褐色，2 列。

【识别要点】叶片长椭圆形至短椭圆形，边缘有不整齐的锯齿。花瓣黄色，匙形；雄蕊不超出花瓣。果瓣无脉纹。种子红褐色，2 列。

【生长习性】多生于湖滨、沼泽、池塘和溪流边，也生于荒地和草坪，喜湿，耐盐碱；海拔 5～100 m 均可生长。花期 6 月，生育期 30～40 d。

【危害】一般性杂草。种子量大，营养繁殖快，根系十分发达，主根粗壮，须根多，能快速侵占空间，形成单优种群落。

【防治方法】加强检疫。在开花前连根铲除，并在阳光下晒干，以免入土后复活。化学防治可用 50% 氨基嘧磺酸水分散粒剂。

【用途】幼嫩茎叶可食。

【原产地】欧洲、亚洲西部和非洲北部。

【首次发现时间与引入途径】我国于 2006 年在辽宁省大连旅顺口区发现，随草坪引种传入。

【传播方式】种子小，易混杂在其他植物果实、种子或根茎中传播；也能借水流、人畜及农具传播。根蘖发达，易随草坪移植传播。

【分布区域】在东北主要分布于辽宁沈阳、大连、鞍山、辽阳、锦州和朝阳。东北至华北沿海地区均为其适生区。

群落

花序

参 考 文 献

张淑梅，李增新，王青，等. 2009. 中国蔊菜属新记录——两栖蔊菜［J］. 热带亚热带植物学报，17（2）：176-178

Akman M，Bhikharie AV，McLean EH，et al. 2012. Wait or escape？ Contrasting submergence tolerance strategies of *Rorippa amphibia*，*Rorippa sylvestris* and their hybrid［J］. Annals of Botany，109（7）：1263-1276

28 欧亚蔊菜 *Rorippa sylvestris*（L.）Bess.

【异名】*Sisymbrium sylvestre* L.，*Nasturium sylvestre* R. Br.

【英文名】yellow fieldcress，creeping yellow cress

【形态特征】十字花科（Brassicaceae）多年生草本，高 30～60 cm，植株近无毛。茎单一或基部分枝，直立或呈铺散状。叶羽状全裂或羽状分裂，下部叶有柄，基部具小叶耳，裂片披针形或近长圆形，边缘具不整齐锯齿；茎上部叶近无柄，裂片渐狭小，边缘齿渐少。总状花序顶生或腋生，初密集成头状，结果时延长；萼片长椭圆形，长 2～2.5 mm，宽约 1 mm；花瓣黄色，宽匙形，长 4～4.5 mm，宽约 1.5 mm，基部具爪，瓣片具脉纹；雄蕊 6，近等长，花丝扁平。长角果线状圆柱形，微向上弯（未熟）；果梗纤细，长 8～12 mm，近水平开展。

【识别要点】叶片羽状全裂或羽状深裂，下部叶有柄，具小叶耳；上部叶近无柄。花冠黄色，长角果线状圆柱形，微向上弯；果梗长 8～12 mm，近水平开展。

【生长习性】生于田边、水沟边及潮湿地。花果期 5～9 月。

【危害】根和茎叶含有水杨酸、8- 甲基亚磺酰异硫氰酸酯、9- 甲基亚砜壬腈等化感性物质，对植物的种子萌发和幼苗生长有抑制作用。在日本、新西兰和澳大利亚南部欧亚蔊菜已成为一种扩散能力极强、入侵危害极其严重的杂草。其被列入美国《联邦有害杂草名录》，部分州将其列为检疫性杂草。

【防治方法】加强引种管理；人工拔除，深翻地，清除土壤中根蘖。

【用途】早春嫩茎叶适口性好，无毒，可以作为野菜食用。

【原产地】欧洲和亚洲西南部。

【首次发现时间】我国最早的标本于 1935 年采自江苏南京。辽宁于 2016 年发现于沈阳、铁岭、大连等地的道路绿化带。

【传播方式】通过引种园林植物传播，以及园林苗木运输过程中无意散播。

【分布区域】在东北主要分布于辽宁沈阳、大连。新疆、青海、甘肃、西藏、台湾有分布。我国大部分地区为其适生区。

参 考 文 献

庞善元，黄彦青. 2017. 辽宁常见野菜［M］. 沈阳：沈阳出版社

张淑梅，李忠宇，王萌，等. 2016. 辽宁的新纪录植物［J］. 辽宁师范大学学报（自然科学版），39（3）：390-402

中国科学院中国植物志编辑委员会. 1987. 中国植物志（第 33 卷）［M］. 北京：科学出版社

七、木犀草科

29 黄木犀草 *Reseda lutea* L.

【异名】*Reseda benitoi* Sennen，*Reseda fluminensis* Simonk，*Reseda gracilis* Ten，*Reseda macedonica* Formánek，*Reseda mucronata* Tineo，*Reseda mucronulata* Guss，*Reseda othryana* Formánek，*Reseda podolica* Rehm，*Reseda ramosissima* Pourr. ex Willd，*Reseda truncata* Fisch. & C.A.Mey，*Reseda vinyalsii* Sennen，*Reseda vivantii* P. Monts.

【英文名】yellow upright mignonette

【中文别名】细叶木犀草

【形态特征】木犀草科（Resedaceae）一年生或多年生草本。茎无毛，高 30～75 cm，数茎丛生，分枝，枝常具棱。叶纸质，无柄或具短柄，3～5 深裂或羽状全裂，裂片带形或线形，边缘常呈波状。花黄色或黄绿色，排列成顶生的总状花序；花梗长 3～5 mm，比萼片长；萼片通常 6 片，线形，不等大；花瓣通常 6 片，具圆形瓣爪，上位 2 片，最大，3 裂，侧位 2 片，2～3 裂，下位 2 片，不分裂；雄蕊 12～20；子房 1 室，3 心皮合生，顶端开裂。蒴果直立，长约 1 cm，圆筒形，有时卵形或近球形，具钝 3 棱，顶部具 3 裂片。种子肾形，黑色，平滑，有光泽，长约 2 mm。

【识别要点】叶片羽状分裂，裂片带形。总状花序，花瓣 6。

【生长习性】常沿铁路旁、山坡生长，或生于岛屿，喜湿；海拔 100 m 以下均可生长。花果期 6～8 月，生育期 40～60 d。

【危害】一般性杂草。

【防治方法】加强检疫，严禁随意调运混有种子的种苗。在开花前连根铲除或沿基部割断。

【用途】能够在重金属污染的土壤中生长，可去除或减轻重金属的危害。

【原产地】欧洲、亚洲西部和非洲北部。

【首次发现时间与引入途径】我国于1928 年在辽宁旅顺（现大连旅顺口区）采集到标本，随草坪引种传入。

【传播方式】种子小，易混杂在其他植物果实、种子或根茎中传播，也可随草坪移植传播。

【分布区域】在东北主要分布于辽宁大连，黑龙江大兴安岭。东北和华北沿海地区均为其适生区。

植株　　　　　　　　　　　　　　　叶

参 考 文 献

何浩. 2012. 大、小兴安岭森林植物种质资源多样性现状评估［D］. 哈尔滨：东北林业大学硕士学位
　　论文

李交昆，龚育龙，唐璐璐，等. 2011. 金属型植物的研究进展［J］. 生命科研究，15（6）：561-565

八、豆　科

30　白车轴草 *Trifolium repens* L.

【异名】 *Lotodes repens*（L.）Kuntze

【英文名】 white clover

【中文别名】 白花苜蓿、白三叶、三瓣叶、金花草、菽草、白花车轴草、白花三叶草

【形态特征】 豆科（Leguminosae）多年生草本。主根短，侧根和须根发达。茎匍匐蔓生，上部稍上升，节上生根，全株无毛。掌状三出复叶；托叶卵状披针形，膜质，基部抱茎成鞘状，离生部分锐尖；叶柄较长，小叶柄微被柔毛；小叶倒卵形至近圆形，先端凹头至钝圆，基部楔形渐窄至小叶柄，中脉在下面隆起，侧脉13对，两面均隆起，近叶边分叉，并伸达锯齿齿尖。头状花序，顶生，密集，花后下垂；萼钟形，具脉纹10条，萼齿披针形，稍不等长，短于萼筒，萼喉开张，无毛；花冠白色、乳黄色或淡红色，具香气；二体雄蕊；子房线状长圆形。荚果长圆形。种子宽卵形。

【识别要点】 茎匍匐。初生叶呈圆形，叶缘无睫毛；掌状三出复叶，常有"V"形白斑。头状花序顶生，白色、乳黄色或淡粉色，有香气。子叶阔椭圆形。

【生长习性】 喜湿润，较耐阴、耐寒、耐热、耐旱、耐瘠薄、耐移植、耐践踏，抗病虫能力强，多生于湿草地、河岸、路旁、林缘、山坡等，不耐盐；海拔 5～2500 m 均可生长。种子繁殖，也可分根繁殖或扦插繁殖，花果期 5～9 月。

【危害】 水边或农田中常见杂草，有时侵入果园、菜地或草坪，对蔬菜、幼龄林木等造成危害。白车轴草是我国进境植物一类检疫危险性病菌苜蓿黄萎病菌（*Verticillium abol-atrum*）的隐症寄主，该菌能造成苜蓿严重减产，缩短苜蓿草地的使用寿命，影响苜蓿干草及种子出口；也是我国进境检疫潜在危险性昆虫苜蓿叶象（*Hypera postica*）、欧洲鳃金龟（*Melolontha melolontha*）和三叶草叶象（*Hypera punctata*）的寄主之一。

【防治方法】 合理组织作物换茬，加强田间管理，适时中耕除草，并及早清除田旁隙地的白车轴草。人工拔除，火烧。可用二甲四氯、2,4-D 等药剂防除。

【用途】 观赏；其为良好的绿肥、牲畜饲料；全草入药，有清热凉血等功效。

【原产地】 欧洲。

【首次发现时间与引入途径】 我国于1913年在河北秦皇岛最先发现，作为饲料植物引入。黑龙江于1950年在密山采集到标本；吉林于1950年在通化采集到标本；辽宁于1950年在丹东采集到标本。

【传播方式】 随牧草引种、美化城市公

园和庭院等多种途径传播。

【分布区域】在东北主要分布于辽宁沈阳、大连、丹东、本溪和朝阳，吉林长春、通化、白山和延边，黑龙江哈尔滨、牡丹江和伊春等地。江西、上海、贵州、山东、湖北、云南、山西、新疆、广西、浙江、江苏、台湾和陕西等地均有分布。我国温带及亚热带高海拔地区均为其适生区。

群落　　　　　　　花序

参 考 文 献

车晋滇. 2010. 中国外来杂草原色图鉴［M］. 北京：化学工业出版社

陈叶，王进. 2003. 白车轴草的特征特性及利用［J］. 饲料与畜牧，4：26-27

林海森. 2007. 白车轴草在吉林省的分布及其开发利用［J］. 北方园艺，（1）：120-121

马承忠，刘滨，许捷，等. 1999. 农田杂草识别及防除［M］. 北京：中国农业出版社

聂绍荃，周以良. 1998. 黑龙江省植物志（第六卷）［M］. 哈尔滨：东北林业大学出版社

曾建飞. 1998. 中国植物志（第42卷·第2分册）［M］. 北京：科学出版社

周寿荣. 1981. 白三叶草农业生物学特性的研究［J］. 中国草原，2：35-40

朱玉琴，陆虹，姜永红. 1999. 浅谈白车轴草与环境［J］. 黑龙江环境通报，22（6）：89

Cowan AA，Marshall AH，Michaelson-Yeates TPT. 2000. Effect of pollen competition and stigmatic receptivity on seed set in white clover（*Trifolium repens* L.）［J］. Sex Plant Reprod，13：37-42

Hammond KJ，Hoskin SO，Burke JL. 2011. Effects of feeding fresh white clover（*Trifolium repens*）or perennial ryegrass（*Lolium perenne*）on enteric methane emissions from sheep［J］. Animal Feed Science and Technology，167：398-404

McManus MT，Laing WA，Watson LM，et al. 2005. Expression of the soybean（Kunitz）trypsin inhibitor in leaves of white clover（*Trifolium repens* L.）［J］. Plant Science，168：1211-1220

31　红车轴草 *Trifolium pratense* L.

【异名】*Trifolium pratense* var. *sativum* Schreb，*Trifolium ukrainicum* Opperman，*Trifolium lenkoranicum*（Grossh.）Roskov，*Trifolium bracteatum* Schousb，*Trifolium borysthenicum* Gruner，*Trifolium pratense* var. *lenkoranicum* Grossh.

【英文名】red clover

【中文别名】红三叶、红菽草、红花草子、红花车轴草、红花苜蓿、红爪草

【形态特征】豆科（Leguminosae）多年

生草本。主根深入土层达 1 m。茎粗壮，具纵棱，直立或平卧上升，疏生柔毛或无。掌状三出复叶；叶柄较长，茎上部的叶柄短，长约 1.5 mm，被伸展毛或无；托叶近卵形，膜质，每侧具支脉 8～9 条，基部抱茎，先端离生部分渐尖，具锥刺状尖头；小叶 3 枚，椭圆状卵形，长 2～4 cm，宽 1～2.5 cm，先端钝圆，基部宽楔形，上面无毛，常有"V"形白斑，下面有长柔毛，边缘有不明显的锯齿和细毛。花序腋生，球状或卵形，顶生花 30～70 朵，密集；花萼筒状，萼齿条状披针形，最下面的一枚萼齿较长，有长毛；花冠紫色或淡紫红色，长 12～18 mm，旗瓣匙形，先端圆，微凹，基部楔形，比翼瓣和龙骨瓣长，龙骨瓣稍短于翼瓣；雄蕊二体；子房椭圆形，花柱丝状细长。荚果包被于宿存的萼内，倒卵形，小，长约 2 mm，果皮膜质，具纵脉。种子扁圆形，通常仅有 1 粒。

【识别要点】茎直立。顶生掌状三出复叶，小叶 3 枚，常有"V"形白斑。花紫红色或淡紫红色，花序球状或卵形，花序梗极短或无。

【生长习性】栽培或半自生于林缘、路旁和草地等湿润处；海拔 50～2500 m 均可生长。种子和根蘖繁殖，花果期 5～9 月。

【危害】旱田杂草，有时入侵果园和桑园，危害程度一般。红车轴草是我国进境植物检疫危险性病菌苜蓿黄萎病菌的隐症寄主；也是我国进境检疫潜在危险性昆虫苜蓿叶象和三叶草叶象，危险性真菌三叶草花霉病菌（*Botrytis anthophila*）、三叶草胡麻斑病菌（*Leptosphaerulina trifolii*）、豌豆基腐病菌（*Phoma medicaginis* var. *pinodella*）及危险性病毒花生矮化病毒（peanut stunt virus，PSV）的寄主之一。

【防治方法】人工拔除、火烧。

【用途】观赏；红车轴草也是良好的绿肥、牲畜饲料；全草可药用；也可用于恢复矿业废弃地。

【原产地】欧洲中南部。

【首次发现时间与引入途径】我国于 1912 年作为优良牧草引入。

【传播方式】种子可通过风力、水流自然传播或靠鸟类迁徙和其他动物实现自然扩散，也可随牧草引种、美化城市公园和庭院等多种途径传播。

【分布区域】在东北主要分布于辽宁沈阳、大连和丹东，吉林长春、延边、通化和吉林，黑龙江哈尔滨、牡丹江和佳木斯。新疆、山东、湖南、台湾、江苏、云南、江西、湖北、广西、陕西、四川、河南、贵州、北京、内蒙古、青海、陕西和浙江等地均有分布。除西藏外，我国大部分地区均为其适生区。

群落

花序

参 考 文 献

车晋滇. 2010. 中国外来杂草原色图鉴［M］. 北京：化学工业出版社

陈超，王赵伟，等. 2008. 红车轴草和白车轴草与传粉昆虫的关系［J］. 宜春学院学报，30（6）：117-118

陈封正，李书华，王雄清. 2007. 车轴草最佳采收时期的研究［J］. 时珍国医国药，18（4）：847-848

陈寒青，金征宇. 2007. 我国不同产地红车轴草异黄酮含量的测定［J］. 天然产物研究与开发，19：631-634

高燕，曹伟. 2010. 东北外来入侵植物的现状与防治对策［J］. 中国科学院研究生院学报，27（2）：191-198

刘岩，刘顺航，王平. 2007. 红车轴草的研究进展［J］. 中草药，38（5）：附5-8

聂绍荃，周以良. 1998. 黑龙江省植物志（第六卷）［M］. 哈尔滨：东北林业大学出版社

王凤春，刘鸣远. 1989. 黑龙江省东部山区红车轴草（*Trifolium pratense* L.）种内变异类型的研究［J］. 武汉植物学研究，7（4）：317-326

王力学. 2012. 岷山红三叶草规范化种植技术［J］. 中药材，21：62

曾虹燕，周朴华，侯团章. 2001. 红车轴草有效成分的研究进展［J］. 中草药，32（2）：189-190

曾建飞. 1998. 中国植物志（第42卷·第2分册）［M］. 北京：科学出版社

张志权，束文圣，廖文波，等. 2012. 豆科植物与矿业废弃地植被恢复［J］. 生态学杂志，21（2）：47-52

32 白花草木犀 *Melilotus albus* Medic. ex Desr.

【异名】*Melilotus argutus* Rchb.，*Melilotus vulgaris* Willd.，*Melilotus leucanthus* DC.，*Melilotus melanospermus* Ser.，*Melilotus albus* var. *annua* Coe.

【英文名】white melilot

【中文别名】白香草木樨、白草木樨、白花车轴草、白甜车轴草、闭汗草、辟汗草、金花草、龙江黄芪、白花草木、白香草木樨、香马料、洋苜蓿

【形态特征】豆科（Leguminosae）一年生或二年生草本，全株有香气。根系发达，越冬的主根肉质，入土可达2 m以上；侧根分布在耕作层内，根瘤成扇状。茎直立，高1～4 m，圆柱形，中空，易分枝。三出羽状复叶；托叶锥状或线状披针形；叶柄与托叶合生；小叶片长圆形、椭圆形或披针状椭圆形，先端截平或微凹，基部楔形，边缘有疏锯齿。总状花序，腋生。花萼钟状，被白色柔毛；花冠白色，稍长于花萼；雄蕊二体，花药同型；柱头顶生，子房无柄。荚果卵球形，灰棕色，有凸起脉网，无毛。种子1～2粒，黄褐色，肾形。

【识别要点】全株有香气。茎直立，高1 m以上。三出羽状复叶。总状花序，腋生，花白色，花萼钟形，旗瓣比翼瓣稍长。荚果无毛。

【生长习性】抗旱、抗寒、抗盐碱，耐贫瘠，逸生于低湿地及荒地。种子繁殖，花果期7～9月。

【危害】有时入侵旱田和果园，一般危害性不大。白花草木犀是我国进境植物检疫危险性病菌苜蓿黄萎病菌的隐症寄主，也是

我国进境检疫潜在危险性昆虫三叶草叶象和危险性真菌草木樨轮纹病菌不全壳二孢（*Ascochyta imperfecta*）的寄主之一。

【防治方法】控制引种；人工拔除，火烧。草甘膦与氯氟吡氧乙酸等均可防除白花草木樨。

【用途】用作绿肥、青贮饲料等。由于白花草木樨根系发达，固土能力强，植株密集、覆盖度大，是防风固沙、保持水土的先锋植物。荚果入药。白花草木樨改良盐碱地，可显著降低表土层中的盐量，降低幅度达 0.18%～0.31%。

【原产地】亚洲西部。

【首次发现时间与引入途径】作为牧草引入。辽宁于 1931 年在大连采集到标本；吉林于 1951 年在永吉采集到标本；黑龙江于 1936 年在哈尔滨采集到标本。

【传播方式】依赖人畜活动进行传播、扩散。

【分布区域】在东北主要分布于辽宁沈阳、大连、本溪、铁岭、朝阳和辽阳，吉林长春和延边，黑龙江哈尔滨、黑河和佳木斯。全国各地均有逸生。湿润和半干燥气候类型区生长是其最佳适生区。

群落

花序

参 考 文 献

车晋滇. 2010. 中国外来杂草原色图鉴［M］. 北京：化学工业出版社

何冬梅. 2004. 白花草木樨的栽培技术［J］. 当代畜禽养殖业，5：32-33

王建光，吴渠来，玉柱，等. 1991. 开沟躲盐种植白花草木樨对盐渍化土壤全盐量及各类盐含量的影响［J］. 内蒙古草业，3：11-14

武保国. 2003. 白花草木樨［J］. 农村养殖技术，17：28-30

徐炳强，夏念和，王少平，等. 2007. 中国草木樨属植物叶脉形态及其分类学意义［J］. 广西植物，27（5）：697-705

Guerrero-Rodríguez JD，Revell DK，Bellotti WD. 2011. Mineral composition of lucerne（*Medicago sativa*）and white melilot（*Melilotus albus*）is affected by NaCl salinity of the irrigation water［J］. Animal Feed Science and Technology，170：97-104

Rogers ME，Colmer TD，Frost K，et al. 2008. Diversity in the genus *Melilotus* for tolerance to salinity and waterlogging［J］. Plant and Soil，304：89-101

33 决明 *Senna tora*（L.）Roxb.

【异名】*Cassia tora* L.，*Cassia obtusifolia* L.，*Emelista tora*，*Cassia gallinaria* Collad.，*Cassia numilis* Collad.，*Cassia borneensis* Miq.，*Cassia tora* var. *borneensis* Miq.

【英文名】semen cassiae

【中文别名】小决明、草决明、假花生、假绿豆、还瞳子

【形态特征】豆科（Leguminosae）一年生半灌木状草本，有腐败气味。茎直立、粗壮，高 1～2 m。羽状复叶具小叶 6 枚；托叶线状，被绒毛，早落；叶柄无腺体，在叶轴上两小叶之间有一个腺体；小叶倒卵形至倒卵状矩圆形，长 1.5～6.5 cm，宽 0.8～3.0 cm，幼时两面疏生长柔毛，早落。花通常 2 朵生于叶腋，总花梗极短；萼片稍不等大，卵形或卵状长圆形，膜质，外面被柔毛，长约 8 mm，分离；花瓣黄色，倒卵形，长 12～15 mm，宽 5～7 mm，最下面的两个花瓣稍长；发育雄蕊 7，荚果条形，顶孔开裂，长达 15 cm，直径 3～4 mm，花丝短于花药，花药四方形；子房无柄，被白色柔毛。荚果纤细，近四棱形，两端渐尖，长达 15 cm，宽 3～4 mm，膜质。种子约 25 粒，近菱形，淡褐色，有光泽。

【识别要点】复叶具 6 小叶，倒卵形或倒卵矩圆形。萼片宽，顶端圆形。种子菱形，种皮光滑。

【生长习性】生于农田、山坡、荒地、河边和路旁，喜温暖湿润气候，阳光充足有利其生长，不耐寒、不耐旱，对土壤要求不严，以排水良好、肥沃疏松的土壤为佳。种子繁殖，花果期 7～10 月。

【危害】一般性旱地杂草，抑制当地其他植物生长，对果园、苗圃和林地有一定的危害。

【防治方法】控制引种。

【用途】种子入药称"决明子"，有清肝明目、润肠祛风、强壮利尿作用；也可提取蓝色染料。苗叶和嫩果可食。

【原产地】美洲热带地区。

【首次发现时间与引入途径】我国 20 世纪中期作为药用植物引入。

【传播方式】人为引种传播。

【分布区域】在东北辽宁本溪、丹东和大连有少量野生种群。河北、广东、香港、安徽、海南、江苏、云南、湖南、江西、台湾、四川、福建、贵州、西藏、湖北、内蒙古、山东、广西、陕西和新疆等地均有分布。我国大部分地区为其适生区。

植株

叶和花

参 考 文 献

车晋滇. 2010. 中国外来杂草原色图鉴［M］. 北京：化学工业出版社

陈汉斌，郑亦律，李法曾. 1990. 山东植物志［M］. 青岛：青岛出版社

方雪琴. 2011. 决明子的研究进展［J］. 上海医药，32（8）：391-394

杭夏子，翁殊斐，袁喆. 2013. 决明亚族（Cassiinae）植物的分类及其应用［J］. 热带农业科学，33（1）：92-95

黄桂如，黄进，罗芬. 2012. 决明子规范化种植技术研究［J］. 亚太传统医药，8（8）：46-47

黄毅斌，陈志彤，陈恩，等. 2006. 决明属牧草研究进展［J］. 福建农业学报，21（3）：257-261

孙春青，曹淑华. 1997. 决明子的栽培技术［J］. 时珍国药研究，8（2）：182

徐亮，陈功锡，张代贵，等. 2009. 湘西地区外来入侵植物调查［J］. 吉首大学学报（自然科学版），30（1）：99-100

34　紫苜蓿 *Medicago sativa* L.

【异名】*Medicago asiatica* subsp. *sinensis* Sinskaya，*Medicago beipinensis* Vassilcz.，*Medicago afghanica* Vassilcz.，*Medicago tibetana*（Alef.）Vassilcz.

【英文名】alfalfa

【中文别名】苜蓿、紫马肥、紫花苜蓿、蓿草、草苜蓿、金花菜、连枝草、木粟、牧蓿、苜草、苜蓿草

【形态特征】豆科（Leguminosae）一年生、二年生或多年生草本。主根发达，多分枝，长2～5 m。茎直立或匍匐，高30～100 cm，光滑无毛，分枝5～25不等。复叶，3小叶；托叶狭披针形，全缘；叶柄长而平滑；小叶倒卵形或倒披针形，长1～2 cm，宽约0.5 cm，顶端圆，中肋稍凸出，上半部叶有锯齿，基部狭楔形。总状花序腋生，小花3～10；花萼钟状，有5齿；花冠黄色或蓝紫色，中央具红紫色条纹，长5～9 mm，旗瓣倒卵形或长圆形，基部渐狭，近无柄，龙骨瓣钝，比翼瓣短；雄蕊10，二体；子房线状，无毛，花柱短阔，上端尖细，柱头点状，胚珠多数。荚果黑色，螺旋状紧卷2～6圈，中央无孔或近无孔，径5～9 mm，被柔毛或渐脱落，脉纹细，不清晰，熟时棕色。种子1～9粒，肾形，黄褐色，平滑，长1～2.5 mm。

【识别要点】茎直立。三出复叶。花冠黄色蓝紫色。荚果螺旋状卷曲，无刺。

【生长习性】生于砂质偏旱耕地、山坡、草原及河岸杂草丛中。耐盐碱、耐寒抗旱，喜干燥、温暖、阳光充足的气候和干燥、疏松、排水良好、富含钙质的砂质壤土。花期6～8月，果期8～9月。

【危害】旱地杂草；原为栽培植物，后逸生为杂草。紫苜蓿能抑制当地其他植物生长，危害农作物、果园等，是我国进境检疫潜在危险性昆虫烟粉虱（*Bemisia tabaci*）和苜蓿叶象甲，危险性真菌草木樨轮纹病菌不全壳二孢和危险性病毒烟草脆裂病毒（tobacco rattle virus，TRV）的寄主之一。

【防治方法】控制引种。

【用途】全草为优良的饲料或牧草，亦可作绿肥，还是优良蜜源植物。嫩茎叶可食，营养价值很高，可作蔬菜。苜蓿味苦、性平，有健脾益胃、利大小便、下膀胱结石和舒筋活络的功效。紫苜蓿能在沙滩上生

长，可作为水土保持植物；也可作为轮作倒茬的重要作物加以利用。

【原产地】西亚。

【首次发现时间与引入途径】据记载，公元前119年张骞出使西域时带回。

【传播方式】除随引种传播外，种子也可随饲料运输传播。

【分布区域】在东北主要分布于辽宁沈阳、大连、本溪、锦州、葫芦岛、铁岭、盘锦、鞍山、朝阳和辽阳，吉林长春、吉林、延边和白城，黑龙江黑河、哈尔滨、佳木斯、鸡西和绥化。云南、山西、四川、河北、江苏、湖南、青海、新疆、甘肃、西藏、湖北、内蒙古、安徽、河南、陕西、宁夏、北京、广西、山东和广东等地均有分布。我国大部分地区为其适生区。

植株

果实（何树志摄）

参 考 文 献

曹宏，邓芸，章会玲. 2009. 陇东地区紫花苜蓿优质高产栽培技术 [J]. 牧草与饲料，3（1）：51-55

车晋滇. 2010. 中国外来杂草原色图鉴 [M]. 北京：化学工业出版社

刘粉红. 2012. 浅谈苜蓿种植技术 [J]. 中国畜牧兽医，28（2）：179

聂绍荃，周以良. 1998. 黑龙江省植物志（第六卷）[M]. 哈尔滨：东北林业大学出版社

强胜，曹学章. 2000. 中国异域杂草的考察与分析 [J]. 植物资源与环境学报，9（4）：34-38

王淑荣，王雨，沈莉，等. 2012. 紫花苜蓿的种植技术及应用 [J]. 林业勘察设计，（4）：93-95

吴勤，宋杰，牛芳英. 1997. 紫花苜蓿草地上生物量动态规律的研究 [J]. 中国草地，6：21-24

徐亮，陈功锡，张代贵，等. 2009. 湘西地区外来入侵植物调查 [J]. 吉首大学学报（自然科学版），30（1）：99-100

闫小玲，寿海洋，马金双. 2012. 中国外来物种入侵植物研究现状及存在的问题 [J]. 植物分类与资源学报，34（3）：287-313

闫兴禄，薛丽红，曹文琴，等. 2012. 紫花苜蓿的栽培技术及病虫害防治要点 [J]. 畜牧与饲料科学，33（7）：71-72

张庆田，杨青鸿. 2010. 优良牧草紫花苜蓿的栽培及常见病害的防治 [J]. 内蒙古农业科技，（1）：108-109

35　刺槐 *Robinia pseudoacacia* L.

【异名】*Robinia pringlei* Rose，*Robinia pseudoacacia* f. *oswaldiae* Oswald，*Robinia pseudoacacia* var. *rectissima* Raber

【英文名】black locust

【中文别名】洋槐、槐树、刺儿槐、刺槐花、德国槐、钉子槐、胡藤、棉槐、猪尿槐、刺儿棉、法皂荚、槐花

【形态特征】豆科（Leguminosae）落叶阔叶乔木。树高 10～20 m，树皮灰黑褐色，小枝灰褐色，无毛或幼时具微柔毛。奇数羽状复叶，互生，具 7～19 小叶；托叶刺小或无；叶柄长 1～3 cm，小叶柄长约 0.2 cm，被短柔毛；小叶片卵形或卵状长圆形，长 2.5～5 cm，宽 1.5～3 cm，基部广楔形或近圆形，先端圆或微凹，具小刺尖，全缘，表面绿色，被微柔毛，背面灰绿色被短毛。总状花序腋生，比叶短，花序轴黄褐色，被疏短毛；花梗长 8～13 mm，被短柔毛；萼钟状，具不整齐的 5 齿裂，表面被短毛；白色，芳香，旗瓣近圆形，长 18 mm，基部具爪，先端微凹，翼瓣倒卵状长圆形，基部具细长爪，顶端圆，长 18 mm，龙骨瓣向内弯；雄蕊二体；子房线状长圆形，被短白毛，花柱几乎弯成直角。荚果扁平，线状长圆形，长 5～10 cm，褐色，光滑，不开裂。种子黑褐色，近扁肾形，3～10 粒，长 3～5 mm，直径 2～4 mm，具细网纹，中央微凹，稍坚硬，不易破碎，有香气。

【识别要点】小枝、花序轴、花梗被平伏细柔毛或无毛。具托叶刺；小叶长椭圆形。花冠白色。荚果平滑。

【生长习性】喜温暖湿润气候，在年平均气温 8～14℃、年降水量 500～900 mm 的地方生长良好；对土壤酸碱度不敏感，耐干旱贫瘠及轻度盐碱，适应性强，喜土层深厚、肥沃、疏松、湿润的粉砂土、砂壤土和壤土；海拔 540～2200 m 均可生长。生长较快，种子及根蘖繁殖。花期 5～6 月，果期 8～9 月。

【危害】刺槐是浅根性树种，侧根发达，能迅速延伸，易形成大面积的刺槐纯林，入侵乡土植被（如麻栎林、赤松林、油松林），有使树种单一化的趋势；是我国进境植物检疫危险性昆虫美国白蛾（*Hyphantria cunea*）的寄主之一。

【防治方法】可进行割茬控制。刺槐叶瘿蚊（*Obolodiplosis robiniae*）、地蛆、象鼻虫和蚜虫取食刺槐小苗，可利用其进行生物防治。

【用途】优良行道树种、庭院观赏和水土保持、防风固沙、改良土壤和速生用材树种；木质坚硬可做枕木、农具；树皮可作造纸和橡胶原料；树皮、根及叶可入药，利尿、舒筋、止血；叶可作家畜饲料；种子含油 12%，可作制肥皂及油漆的原料，也可用作杀虫剂；花可提取香精；花蜜多，蜜质上等，是较好的蜜源植物。

【原产地】美国东部。

【首次发现与引入途径】20 世纪初从欧洲引入我国青岛，可能作为蜜源植物引入。

【传播方式】以种子和根蘖繁殖进行扩散。

【分布区域】在东北主要分布于辽宁全省，吉林长春、延边和通化，黑龙江哈尔滨和鸡西。河北、山西、山东、湖北、湖南、重庆、新疆和天津等地均有分布。东北、华北与西北均为其适生区。

群落　　果实

参 考 文 献

韩立洪，陈红，徐辉. 2011. 刺槐育苗技术特点 [J]. 绿色科技，（6）：182

郝永祯. 2013. 刺槐播种育苗技术 [J]. 现代农业科技，（1）：171-172

路常宽，Buhl PN，Carlo D，等. 2010. 外来入侵害虫刺槐叶瘿蚊的重要天敌——刺槐叶瘿蚊广腹细
　　蜂 [J]. 昆虫学报，2：233-237

马竞，徐慧娟. 2013. 刺槐繁育技术 [J]. 科技向导，（3）：304

孟宪吉，王桂娟，幺忠民，等. 2009. 刺槐播种育苗技术 [J]. 吉林林业科技，（2）：33-37

聂绍荃，周以良. 1998. 黑龙江省植物志（第六卷）[M]. 哈尔滨：东北林业大学出版社

汪芳. 2010. 四倍体刺槐在黄土高原地区的应用前景分析 [J]. 南方农业，（11）：77-78

王国明，孙军，王金付. 2004. 淮北地区刺槐发展的探讨 [J]. 安徽林业科技，（3）：55

王希才，王延玲. 1996. 药乡林场刺槐林的演替研究 [J]. 河南林业科技，16（3）：22-24

吴刚. 2000. 刺槐在生态畜牧业发展中的作用 [J]. 畜牧兽医杂志，19（1）：21-22

闫小玲，寿海洋，马金双. 2012. 中国外来物种入侵植物研究现状及存在的问题 [J]. 植物分类与资源
　　学报，34（3）：287-313

曾建飞. 1998. 中国植物志（第 42 卷第 2 分册）[M]. 北京：科学出版社

张川红，郑勇奇，刘宁，等. 2008. 刺槐对乡土植被的入侵与影响 [J]. 北京林业大学学报，30（3）：
　　18-23

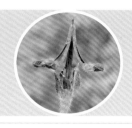

九、牻牛儿苗科

36 野老鹳草 *Geranium carolinianum* L.

【异名】*Geranium lenticulum* Raf.，*Geranium sphaerospermum* Fernald，*Geranium thermale* Rydb. *Geranium langloisii* Greene，*Geranium carolinianum* var. *carolinianum* L.

【英文名】carolina geranium，grane's-bill

【中文别名】斗牛儿苗、福雀草、高山破铜钱、鬼蜡烛、鬼针子、卡罗林老鹳草、老鹳草、露草、鹭嘴草、野番茄草、一颗针、老鸦嘴、太阳草

【形态特征】牻牛儿苗科（Geraniaceae）一年生草本。根纤细，单一或分枝。茎直立或仰卧，高20～60 cm，单一或多数，具棱角，密被倒向短柔毛。基生叶早枯，茎生叶互生或最上部对生；托叶披针形或三角状披针形，长5～7 mm，宽1.5～2.5 mm，外被短柔毛；茎下部叶具长柄，柄长为叶片的2～3倍，被倒向短柔毛，上部叶柄渐短；叶片圆肾形，长2～3 cm，宽4～6 cm，基部心形，掌状5～7裂，近基部裂片楔状倒卵形或菱形，下部楔形、全缘，上部羽状深裂，小裂片条状矩圆形，先端急尖，表面被短伏毛，背面主要沿脉被短伏毛。花序腋生和顶生，长于叶，被倒生短柔毛和开展的长腺毛，每总花梗具2花，顶生总花梗常数个集生，花序呈伞形状；花梗与总花梗相似，等于或稍短于花；苞片钻状，长3～4 mm，被短柔毛；萼片长卵形或近椭圆形，长5～7 mm，宽3～4 mm，先端急尖，具长约1 mm尖头，外被短柔毛或沿脉被开展的糙柔毛和腺毛；花瓣淡紫红色，倒卵形，稍长于萼，先端圆形，基部宽楔形，雄蕊稍短于萼片，中部以下被长糙柔毛；雌蕊稍长于雄蕊，密被糙柔毛。蒴果长约2 cm，被短糙毛，果瓣由喙上部先裂向下卷曲。

【识别要点】叶掌状5～7裂。果瓣由喙上部先裂向下卷曲。

【生长习性】野老鹳草的适应性很强，耐贫瘠、耐阴，竞争力强。一株野老鹳草可结500余粒种子，落籽粒强。花期4～7月，果期5～9月。

【危害】多生于荒野、山脚、田园及水沟边，是油菜田、麦田等旱田的常见杂草，影响作物和草坪生长，亦侵入山坡草地，常形成优势种群，影响生物多样性。

【防治方法】播种前精选种子，减少杂草随种子带入作物田的概率。中耕除草，在花期前拔除，减少种子散落农田。在幼苗期用精噁唑禾草灵、唑草酮、阔叶净、甲磺隆和丁草胺等除草剂防除，效果良好。

【用途】全草入药，有祛风、收敛和止泻之效。

【原产地】美洲。

【**首次发现时间与引入途径**】20 世纪 40 年代出现在华东地区，属无意引进。

【**传播方式**】随农作活动扩散，也通过交通工具等夹带传播、扩散。

【**分布区域**】在东北主要分布于辽宁沈阳，吉林长春、通化和延边。山东、山西、河南、江苏、浙江、江西、安徽、福建、台湾、湖北、湖南、重庆、四川、广东、广西和云南等地均有分布。我国大部分地区为其适生区。

参 考 文 献

陈志石，吴竞仑，李永丰，等. 2006. 麦田土壤杂草种子库研究［J］. 江苏农业学报，22（4）：401-404

宋定礼，张启勇，王向阳. 2006. 油菜田野老鹳草的空间分布格局及其抽样技术研究［J］. 安徽农业大学学报，33（2）：226-229

吴海荣，强胜，林金成. 2004. 南京市春季外来杂草调查及生态位研究［J］. 西北植物学报，24（11）：2061-2068

十、大 戟 科

37　泽漆 *Euphorbia helioscopia* L.

【英文名】sun spurge，wolf's-milk

【中文别名】五朵云、五灯草、五风草

【形态特征】大戟科（Euphorbiaceae）一年生或二年生草本。高10～30 cm，全株含乳汁。茎无毛或仅分枝略具疏毛，基部紫红色，上部淡绿色，分枝多而斜升。叶互生；无叶柄或因突然狭窄而具短柄；叶片倒卵形或匙形，长1～3 cm，宽0.5～1.8 cm，先端微凹，边缘中部以上有细锯齿。基部楔形，两面深绿色或灰绿色，被疏长毛，茎顶端具5片轮生叶状苞，与下部叶相似，但较大。多歧聚伞花序（鸟巢花序）顶生，有5伞梗，每伞梗又生出3小伞梗，每小伞梗又第三回分为2叉；杯状花序钟形，总苞顶端4浅裂，裂间腺体4，肾形；雄花10余朵，每花具雄蕊1，下有短柄，花药歧出，球形；雌花1，位于花序中央；子房有长柄，伸出花序之外；子房3室；花柱3，柱头2裂。蒴果无毛。种子卵形，长约2 mm，表面有凸起的网纹。

【识别要点】全株含乳汁。茎分枝多而斜升。叶柄短。鸟巢花序顶生，5片叶状总苞轮生。蒴果无毛。

【生长习性】生于山沟、路旁、荒野及湿地。花期4～5月，果期6～7月，生育期约200 d。

【危害】泽漆生命力旺盛，繁殖系数大，适应性强，大量入侵麦田，现已成为北方部分地区麦田恶性杂草；通过化感作用抑制其他植物生长；是我国进境植物检疫潜在危险性昆虫荷兰石竹卷蛾（Cacoecimorpha pronubana）和危险性细菌香豌豆束茎病菌带化红球菌（Rhodococcus fascians）的寄主之一。乳汁具有毒性，刺激皮肤，接触可致发红，甚至发炎溃烂；如误服鲜草或乳白汁液后，口腔、食管、胃黏膜均可发炎或糜烂，有灼痛、恶心之感、腹泻水样便，甚至出现酸中毒。

【防治方法】对丘陵山区等泽漆发生量大的地区，每隔1～2年深翻土壤，将含草籽量大的地表土翻深至10 cm以下，以压低其出苗基数。有条件的进行水旱轮作，泽漆种子淹水70 d以上，发芽率极低，从而形成不利于其发生蔓延的环境。20%氯氟吡氧乙酸喷施效果好。

【用途】茎叶滤液可防治小麦吸浆虫、小麦蚜虫、红蜘蛛及棉蚜虫等。种子含油约30%，供工业用油。全草入药，有清热、祛痰、利尿消肿、杀虫止痒之效。泽漆含泽漆皂苷、泽漆醇和泽漆萜等多种成分，有治疗神经系统疾病之功效。

【原产地】欧亚大陆和非洲北部。

【首次发现时间】我国最早于 1907 年在江苏采集到标本。辽宁于 1959 年在本溪采集到标本。

【传播方式】种子随作物种子传播。

【分布区域】在东北主要分布于辽宁大连、营口、丹东和本溪，黑龙江哈尔滨。除新疆、西藏外，我国其他各地均有分布。我国大部分地区为其适生区。

植株

花

参 考 文 献

何江波，刘光明. 2010. 泽漆化学成分的初步研究 [J]. 大理学院学报，9（6）：5-6

岳建建，张军林，慕小倩，等. 2007. 泽漆化感机理的初步研究 [J]. 西北农业学报，16（5）：246-249

张凤海，胡兰英. 2004. 泽漆的生物生态学特性研究及综合治理 [J]. 安徽农业科学，32（3）：524, 533

38 斑地锦 *Euphorbia maculata* L.

【异名】*Chamaesyce maculate*（L.）Small，*Euphorbia supine* Rafinesque.，*Cupheaviscosissima* Jacq.

【英文名】blue waxweed，clammy cuphea，tarweed

【中文别名】血筋草、有斑地锦

【形态特征】大戟科（Euphorbiaceae）一年生匍匐小草本，含白色乳汁。根纤细，长 4～7 cm，直径约 2 mm。茎柔细，长 10～17 cm，直径约 1 mm，弯曲，匍匐地上，分枝多，带淡紫色，有白色细柔毛。叶通常对生；托叶线形，通常 3 深裂；叶柄长仅 1 mm 或几无柄；叶小，长椭圆形，长 5～8 mm，宽 2～3 mm，先端具短尖头，基部偏斜，边缘中部以上疏生细齿，上面暗绿色，中央具暗紫色斑纹，下面被白色短柔毛。杯状聚伞花序单生于枝腋和叶腋，呈暗红色；总苞钟状，4 裂；具腺体 4 枚，腺体横椭圆形，并有花瓣状附属物；总苞中包含由 1 枚雄蕊所成的雄花数朵，中间有雌花 1 朵，具小苞片，花柱 3，子房有柄，悬垂于总苞外。蒴果三棱状卵球形，径约 2 mm，表面被白色短柔毛，顶端残存花柱，成熟时易分裂为 3 个分果爿。种子卵形，具角棱，光滑，灰色或灰棕色，每个棱面具 5 个横沟，无种阜。

【识别要点】茎密被白色细柔毛。叶上面中央有长线状紫红色斑。叶和蒴果被稀疏白色短柔毛。种子灰棕色或灰色。

【生长习性】旱生植物，生长在平原或低山区的道路旁、荒地、田间、果园、苗圃、草坪和住宅旁。斑地锦通常会侵入遭受破坏的土壤、干燥结实的草地、农田和暂时性裸地。海拔43～500 m均可生长。花期5～6月，果期8～9月。种子量大，平均每株每年约产种子1500粒，种子小且易脱落，易传播。种子萌发需要光。

【危害】花生等旱作物田间杂草，常见于苗圃、菜地和草坪中，生态适应能力强，耗水、耗肥能力极强，若不及时拔除，容易蔓延。其化感物质可抑制其他植物的生长。全株有毒，能促进已发生诱变的细胞组织癌变；是我国进境植物检疫潜在危险性昆虫荷兰石竹卷叶蛾的寄主之一。

【防治方法】早春出苗较早，机械耕作对其幼苗具有较好的防除效果；对于长成的植株，可以通过人工刈割进行控制，或在结实期前人工拔除。草甘膦可杀死斑地锦的地上部分。

【用途】全草可供药用，具有抗菌和抗寄生虫的作用及清湿热、止血、通乳的功效，常用于治疗痢疾、疳积、外伤出血、痈肿疮毒。

【原产地】北美洲。

【首次发现时间】我国于1933年在江苏昆山采集到标本。辽宁于1981年在大连采集到标本；黑龙江于1976年在五营采集到标本。

【传播方式】种子小，易混杂在作物种子进行传播，也能随草皮移植传播。

【分布区域】在东北主要分布于辽宁沈阳、大连、鞍山、朝阳和铁岭，吉林长春和白山。山东、江西、江苏、浙江、广东、湖北、湖南、上海和陕西等地均有分布。我国大部分地区为其适生区。

群落　　　　　　　　　　　　　　　　　　叶与花序

参 考 文 献

顾建中，史小玲，向国红，等.2008. 外来入侵植物斑地锦生物学特性及危害特点研究［J］. 杂草科学，（1）：19-22，42

柳润辉，孔令义. 2001. 斑地锦的化学成分［J］. 植物资源与环境学报，10（1）：60-61

许桂芳，许明录，李佳. 2010. 入侵植物斑地锦的生物学特性及其对3种草坪植物的化感作用［J］. 西北农业学报，19（8）：202-206

39 大地锦 *Euphorbia nutans* Lag.

【英文名】nodding spurge

【中文别名】美洲地锦

【形态特征】大戟科（Euphorbiaceae）一年生匍匐小草本。高5～25 cm，含白色乳汁。茎纤细，近基部二歧分枝，带紫红色，无毛，质脆，中空。叶对生；柄极短或无柄；托叶线形，通常三裂；叶片先端钝圆，基部偏狭，边缘有细齿，两面无毛或疏生柔毛。杯状花序单生于叶腋；总苞倒圆锥形，浅红色，顶端四裂，裂片长三角形；腺体4，长圆形，有白色花瓣状附属物；子房三室；花柱3，柱头二裂。蒴果三棱状球形，光滑无毛。种子卵形，黑褐色。

【识别要点】叶对生，叶片长圆状披针形至镰形，具细锯齿。总苞内具4枚腺体，附属物白色至红色。蒴果卵球形，无毛。

【生长习性】喜干燥，在潮湿环境也能生长，易生于草场、草坪、果园。花期6～9月，种子繁殖。

【危害】一般性杂草。

【防治】加强检疫，精选种子；开花前拔除；可用一般阔叶类除草剂防除。

【原产地】美国中部、墨西哥、西印度群岛和委内瑞拉等地。

【首次发现时间】1998年《中国杂草志》首次记载。

【传播方式】种子混杂在其他植物种子或牧草中，或随草皮移植传播。

【分布区域】在东北主要分布于辽宁沈阳、大连和鞍山。北京、安徽、江苏等地均有分布。我国大部分地区为其适生区。

群落

叶与花序

参 考 文 献

李扬汉. 1998. 中国杂草志［M］. 北京：中国农业出版社

40　齿裂大戟 *Euphorbia dentata* Michx.

【异名】*Anisophyllum dentatum*（Michx.）Haw.，*Euphorbia aureocincta* Croizat，*Euphorbia cuphosperma*（Engelm.）Boiss.

【英文名】toothed spurge，toothedleaf poinsettia，toothed euphorbia

【形态特征】大戟科（Euphorbiaceae）一年生草本。根纤细，长7～10 cm，直径2～3 mm，下部多分枝。茎单一，上部多分枝，高20～50 cm，直径2～5 mm，被柔毛或无毛。叶对生，线形至卵形，多变化，长2～7 cm，宽5～20 mm，先端尖或钝，基部渐狭；边缘全缘、浅裂至波状齿裂，多变化；叶两面被毛或无毛；叶柄长3～20 mm，被柔毛或无毛；总苞叶2～3枚，与茎生叶相同；伞幅2～3，长2～4 cm；苞叶数枚，与退化叶混生。花序数枚，聚伞状生于分枝顶部，基部具长1～4 mm短柄；总苞钟状，高约3 mm，直径约2 mm，边缘5裂，裂片三角形，边缘撕裂状；腺体1枚，两唇形，生于总苞侧面，淡黄褐色。雄花数枚，伸出总苞之外；雌花1枚，子房柄与总苞边缘近等长；子房球状，光滑无毛；花柱3，分离；柱头两裂。蒴果为扁球状，长约4 mm，直径约5 mm，具3个纵沟；成熟时分裂为3个分果爿。种子卵球状，长约2 mm，直径1.5～2 mm，黑色或褐黑色，表面粗糙，具不规则瘤状突起，腹面具一黑色沟纹；种阜盾状，黄色，无柄。

【识别要点】根纤细，下部多分枝。茎单一。叶片对生，线形至卵形。花序数枚，聚伞状生于分枝顶部，总苞钟状，裂片三角形，边缘撕裂状，两唇形，淡黄褐色。子房球状，光滑无毛。蒴果扁球状，种子卵球状，种阜盾状，黄色。

【生长习性】喜光的阳性植物；生于杂草丛、路旁及沟边。花果期7～10月。

【危害】繁殖速度快，列入《中华人民共和国进境植物检疫性有害生物名录》。

【防治方法】加强引种管理，人工拔除。

【原产地】北美洲。

【首次发现时间】我国首份标本于1984年采集自北京。

【传播方式】随人类活动无意传播。

【分布区域】在东北主要分布于辽宁朝阳凌源。北京、河北等地也有分布。我国大部分地区为其适生区。

群落

叶与花序

参 考 文 献

马金双，吴征镒. 1993. 华西南大戟属的分类学修订［J］. 云南植物研究，（2）：113-121

曲红，路端正，王百田. 2007. 河北植物新增补属、种与入侵物种新分布［J］. 河北林果研究，（3）：257-258

张路，马丽清，高颖，等. 2012. 外来入侵植物齿裂大戟（*Euphorbia dentata* Michx.）的生物学特性及其防治［J］. 生物学通报，47（12）：43-45，64

十一、漆 树 科

41 火炬树 *Rhus typhina* L.

【异名】Schmaltzia *hirta*（L.）Small，
Toxicodendron typhinum（L.）Kuntze

【英文名】torch light tree

【中文别名】红果漆、火炬漆、加拿大盐肤木、鹿角漆、鹿角漆树

【形态特征】漆树科（Anacardiaceae）灌木或落叶小乔木。株高 9～10 m，小枝密生灰色柔毛。奇数羽状复叶，小叶 19～31，叶长 25～40 cm；小柄、叶柄、叶轴和花序密生灰绿色柔毛，小叶披针形或长圆状披针形，长 4～8 cm，缘有锯齿，先端长渐尖，基部圆形或宽楔形，上面深绿色，下面苍白色，两面有绒毛，老时脱落，叶轴无翅。圆锥花序顶生，密生绒毛，花淡绿色，雌花花柱有红色刺毛。核果深红色，密生绒毛，花柱宿存，密集成火炬形。

【识别要点】奇数羽状复叶，小叶 19～31，叶缘有锯齿。雌雄同株，顶生直立圆锥花序，雌花序及果穗鲜红色，形同火炬。

【生长习性】适应性极强，喜温，耐旱，抗寒，耐瘠薄盐碱土壤；根系发达，根萌蘖力强；生于河谷、堤岸及沼泽地边缘，也能在干旱的石砾荒坡上生长。花期 6～7 月，果期 8～9 月。

【危害】繁殖迅速，可向路旁的农田扩展；根系能够穿透坚硬的护坡石缝，对公路设施造成危害。火炬树具有强大的种间竞争优势，能抑制其他植物生长，严重危害本地生态系统。其茎叶分泌物能引起过敏反应；产生花粉量大，是人类花粉过敏源之一。

【防治方法】火炬树根系较浅，其根系主要分布在 20 cm 以上的土层，可通过挖隔离沟的方法，将其控制在一定范围之内。火炬树忌湿，可采取水淹防除。施用化学药剂农达也可防治。

【用途】火炬树水平根系发达，根蘖萌发力强，是一种很好的护坡、固堤及封滩固沙的树种和薪炭林树种。雌花花序及果穗鲜红，秋叶变红，可作为园林风景造林用树种。树皮、叶含有单宁，是制取鞣酸的原料；果实含有柠檬酸和维生素 C，可做饮料；种子含油蜡，可制肥皂和蜡烛；木材黄色，纹理致密美观，可雕刻、旋制工艺品；根皮可药用。

【原产地】北美洲、欧洲、前苏联中亚地区。

【首次发现时间与引入途径】1959 年作为观赏植物引入中国。辽宁于 1974 年在营口首先引入栽培。

【传播方式】通过根蘖进行短距离扩散，种苗随绿化引种传播。

【分布区域】在东北主要分布于辽宁沈

阳、葫芦岛、大连、丹东、鞍山、辽阳、锦州、营口、盘锦、阜新和丹东，吉林长春、白山和辽源，黑龙江齐齐哈尔和大庆。北京、天津、山西、河北、山东、陕西、甘肃和内蒙古等地均有分布。我国东北和西北均为其适生区。

群落

入侵农田的幼苗（崔祯摄）

果序

参 考 文 献

李传文，逄宗润，陈勇. 2004. 火炬树——一个值得警惕的危险外来树种 [J]. 中国水土保持，2：31-38

马松涛. 2005. 中国火炬树研究现状及发展趋势 [D]. 杨凌：西北农林科技大学硕士学位论文

潘志刚，游应天. 1994. 中国主要外来树种引种栽培 [M]. 北京：北京科学技术出版社

汤智慧. 2013. 浅谈火炬树的益处与危害 [J]. 防护林科技，（2）：62-63

吴长虹，翟明普，王超. 2007. 火炬树防控的初步研究 [J]. 林业调查规划，32（6）：25-28

徐振华，苏海霞，樊燕，等. 2010. 外来入侵种火炬树的风险性预测 [J]. 衡水学院学报，12（1）：89-91

中国树木志编委会. 1978. 中国主要树种造林技术 [M]. 北京：农业出版社

Richard HU，Jeseph CN，Joseph MD. 1997. Weeds of the Northeast [M]. New York：Comstock Publishing Associates

十二、槭树科

42 梣叶槭 *Acer negundo* L.

【异名】*Acer saccharinum* Marsh

【英文名】boxelder，boxelder maple，maple ash

【中文别名】复叶槭、美国槭、白蜡槭、糖槭、银槭

【形态特征】槭树科（Aceraceae）落叶乔木。株高12～24 m，冠幅可达9～15 m；小枝圆柱形，当年生枝绿色，被白霜，多年生枝黄褐色。幼树树皮光滑，棕灰色，长大后粗糙。冬芽小，鳞片2，镊合状排列。羽状复叶，长10～25 cm，有3～7（稀9）枚小叶；小叶纸质、卵形或椭圆状披针形，长8～10 cm，宽2～4 cm，先端渐尖，基部钝形或阔楔形，边缘常有3～5个粗锯齿，稀全缘，秋季会变为黄色至金黄色以至橘红色。雄花的花序聚伞状，雌花的花序总状，均由无叶的小枝旁边生出，常下垂；花梗长1.5～3 cm，花小，黄绿色，开于叶前，无花瓣及花盘；雄蕊4～6，花丝很长；无花柱，子房无毛。翅果果翅宽8～10 mm，稍向内弯，连同种子长3～3.5 cm，张开呈锐角或近于直角。种子凸起，近于长圆形或长圆卵形，无毛。

【识别要点】小枝绿色，具白粉。羽状复叶。翅果，张开呈锐角或近于直角。

【生长习性】喜凉爽、湿润环境，以及肥沃、排水良好的微酸性土壤（pH 5.5～7.3），pH过低会引起落叶。喜光，耐一定遮阴、耐干旱、耐寒性强，能忍耐−40℃的低温。花期4～5月，果期9月。种子繁殖。在0～8℃、相对湿度90%～100%（遮光）的条件下，发芽率可达95%。

【危害】梣叶槭是林业重要害虫光肩星天牛（*Anoplophora glabripennis*）的寄主之一，也是我国进境植物检疫危险性昆虫美国白蛾的寄主之一。

【防治方法】控制引种。

【用途】梣叶槭生长迅速，秋季叶片色彩艳丽，树冠浓密广阔，夏季遮阴条件良好，可做行道树或庭院树，用以绿化。早春开花，花蜜丰富，是良好的蜜源植物。树皮中汁液可以制糖。槭叶中含有丰富的黄酮类化合物，具有可观的药用开发价值。梣叶槭可作为防治天牛的诱饵树。木质坚硬，质地光泽，用作地板、家具和乐器材料等。

【原产地】美国大部地区、墨西哥南部和危地马拉。

【首次发现时间与引入途径】1930年首次在浙江采集到标本，作为园林绿化树种引种栽培。辽宁于1950年在沈阳采集到标本；吉林于1959年在延边采集到标本；黑龙江于1949年在哈尔滨采集到标本。

【传播方式】主要以种子繁殖进行传播。

【分布区域】在东北主要分布于辽宁全省，吉林长春，黑龙江哈尔滨和伊春。内蒙古、河北、山东、河南、陕西、甘肃、新疆、江苏、浙江、江西和湖北等地的各主要城市都有栽培。东北与华北地区为其适生区。

参 考 文 献

傅尊辉，钱敏之. 1985. 低温处理对糖槭种子萌芽效应的研究 [J]. 武汉植物学研究，3（2）：191-195

马晓乾，王茜，邓勋，等. 2012. 光肩星天牛在糖槭上产卵部位的选择及刻槽产卵习性研究 [J]. 安徽农业科学，40（7）：4078-4079，4107

赵宏，张宇，逯春红. 2009. 糖槭叶中总黄酮的含量测定 [J]. 黑龙江医药科学，32（1）：71-72

十三、葡萄科

43 五叶地锦 *Parthenocissus quinquefolia*（L.）Planch.

【异名】*Ampelopsis quinquefolia*（L.）Michx.，*Hedera quinquefolia* L.，*Parthenocissus quinquefolia* f. *hirsuta*（Pursh）Fernald

【英文名】American-ivy，five-leaf-ivy，virginia-creeper，woodbine

【中文别名】美国地锦、五叶爬山虎、美国爬山虎、地锦

【形态特征】葡萄科（Vitaceae）多年生落叶木质藤本。小枝圆柱形，光滑无毛。卷须总状，5～9分枝，相隔2节间断与叶对生，卷须顶端嫩时尖细卷曲，后遇附着物扩大成吸盘。掌状复叶具5个小叶，互生，总叶柄长5～14.5 cm，小叶叶柄短或无，光滑无毛；叶片质较厚，卵状长椭圆形至倒卵形，长5.5～15 cm，宽3～9 cm，缘具齿，叶基楔形或广楔形，两面均无毛或下面脉上微被疏柔毛。多歧聚伞花序假顶生；花序梗长3～5 cm，无毛；花梗长1.5～2.5 mm，无毛；花蕾椭圆形，高2～3 mm，顶端圆形；花萼碟形，边缘全缘，无毛；花瓣5，长椭圆形，高1.7～2.7 mm，无毛；雄蕊5，花丝长0.6～0.8 mm；花药椭圆形，长1.2～1.8 mm；花盘不明显；子房卵锥形，渐狭至花柱，柱头不扩展。浆果长1～1.2 cm。种子1～4粒，倒卵球形，具有短而尖的喙。

【识别要点】卷须总状，5～9分枝，有吸盘。掌状复叶具5个小叶。种子有喙。

【生长习性】喜光，耐阴，耐贫瘠能力强，对土壤的适应能力强，在酸性至微碱性土壤中均能生长，抗干旱和抗污染。花期6～7月，果期8～10月。

【危害】与本地物种争夺水分、养分和阳光，降低本地物种的繁殖速度，加速它们的灭绝，且产生化感物质抑制其他植物的生长，从而形成单种群落，破坏当地生态系统的稳定性，导致生态失衡，甚至威胁人类的健康和生活。五叶地锦是我国进境植物检疫潜在危险性细菌葡萄皮尔斯病菌木质部难养菌（*Xylella fastidiosa*）的寄主之一。

【防治方法】控制引种。

【用途】园林观赏植物，常用于墙角、栅栏和高速公路的绿化，也可用于棚架、楼顶和阳台的绿化。

【原产地】墨西哥北部、加拿大东南部和美国大部分地区。

【首次发现时间与引入途径】1900年在辽宁采集到标本，作为园林绿化植物引进。黑龙江于1937年采集到标本。

【传播方式】主要以种子与匍匐茎进行传播。

【分布区域】在东北主要分布于辽宁各地，吉林长春和吉林，黑龙江哈尔滨和牡丹江。北京、河北、山西和河南等地均有分布。我国大部分地区为其适生区。

叶

群落

参 考 文 献

刘明久，许桂芳，王鸿升，等．2008．美国地锦入侵特性研究［J］．西北农业学报，17（2）：2

十四、锦 葵 科

44 野西瓜苗 *Hibiscus trionum* L.

【异名】*Hibiscus africanus* Mill.，*Hibiscus hispidus* Mill.，*Hibiscus ternatus* Cav.，*Hibiscus trionum* var. *ternatus* DC.，*Trionum annuum* Medic.

【英文名】flower of an hour

【中文别名】小秋葵、香铃草、山西瓜秧、野芝麻、火炮草、灯笼花、打瓜花

【形态特征】锦葵科（Malvaceae）一年生草本。茎柔软，具白色星状粗毛，高30～60 cm。叶柄细长，2～4 cm；下部叶圆形，不分裂，上部叶掌状，3～5全裂，直径3～6 cm；裂片倒卵形，通常羽状分裂，中间裂片较大，两面有星状粗刺毛。花单生叶腋；花梗果时延长达4 cm；小苞片12，线形，长8 mm，具缘毛；花萼钟形，淡绿色，长1.5～2 cm，裂片5，膜质，三角形，有紫色条纹；花冠淡黄色，中央紫色，直径2～3 cm；雄蕊多数，花丝相结合成圆筒，包裹花柱，花药黄色；花柱顶端5裂，柱头头状，子房5室。蒴果圆球形，直径约1 cm，有粗毛，果瓣5，果皮薄。种子肾形，成熟后黑褐色，粗糙而无毛。

【识别要点】茎柔软。叶柄细长，基生叶不分裂，上部叶全裂。花冠淡黄色，中央紫色。果皮薄，有粗毛，具5条紫色主棱，棱间具深紫色至黑色次棱，棱具长柔毛。

【生长习性】多生于干燥的石质低山、丘陵坡地、山麓冲沟及砾石质戈壁中或沙丘间低地，抗旱、耐高温、耐风蚀、耐瘠薄，在干旱地区有很强的适应性；4～5月出苗，花果期6～8月。

【危害】与本土植物竞争水分和养分，主要为害旱田作物和蔬菜。

【防治方法】苗期人工拔除，也可用5%咪草烟水剂、25%苯达松水剂或砜嘧磺隆防除。

【用途】茎韧皮纤维发达，可作纤维植物。根、全草、种子都可入药，具有抗凝血、镇痛、缓解血管痉挛等作用，对风湿性关节炎、腰腿痛、关节肿大和四肢发麻等有特殊的疗效。野西瓜苗的乙醇提取物可抑制小菜蛾的生长发育，对枸杞蚜虫有较高的触杀活性，可开发为植物源农药。

【原产地】托罗斯山脉以南地中海东岸。

【首次发现时间】明朝伊始进入我国。1915在江苏采集到标本。辽宁于1930年在沈阳采集到标本；吉林于1931年在吉林采集到标本；黑龙江于1950年在宁安县采集到标本。

【传播方式】主要以种子进行传播。

【分布区域】在东北主要分布于辽宁沈阳、大连和朝阳，吉林长春和吉林，黑龙江

全省。安徽、北京、福建、甘肃、广东、广西、贵州、海南、河北、黑龙江、河南、香港、湖北、湖南、江苏、江西、西藏、云南、浙江、内蒙古、宁夏、青海、陕西、山东、上海、山西、四川、台湾、天津和新疆等地均有分布。我国大部分地区为其适生区。

幼株

花

果实

参 考 文 献

倪士峰，巩江，徐笑蓥，等. 2009. 野西瓜苗的药学研究［J］. 长春中医药大学学报，25（10）：777-778

Zuo LX，Xie XP，Yang ML. 2010. Preliminary study on the insecticidal active of *Hibiscus trionum* L. against wolfberry aphis［J］. Plant Diseases and Pests，1（6）：61-63

45 苘麻 *Abutilon theophrasti* Medic.

【异名】*Abutilon abutilon*（L.）Huth，*Abutilon avicennae* Gaertn.，*Abutilon avicennae* f. Gaertn. f. *nigrum* Skvortsov，*Abutilon avicennae* var. Gaertn. var. *chinense* Skvortsov

【英文名】abutilon-hemp，American-jute，butterprint，China-jute，Chingma-lantern，Indian-mallow，swamp Chinese-lantern，Tientsin-jute，velvetleaf，velvetweed

【中文别名】野苎麻、八角乌、塘麻、孔麻、青麻、白麻

【形态特征】锦葵科（Malvaceae）一年生亚灌木状草本。茎直立，高1～2 m，有柔毛。单叶，互生；托叶早落；叶柄长3～12 cm，被星状细柔毛；叶片圆心形，长5～

10 cm，先端尖，边缘具圆齿，两面密生星状柔毛。花单生于叶腋，花梗长 1～3 cm，粗壮，近端处有节；花萼杯状，绿色，五裂，先端尖锐，下部呈管状；花黄色，花瓣 5，倒卵形，长 1 cm，较萼稍长，瓣上具明显脉纹；雄蕊筒甚短；心皮 15～20，长 1～1.5 cm，顶端平截，轮状排列，密被软毛，各心皮有扩展，被毛的长芒 2 枚。蒴果半球形，直径 2 cm，有粗毛，顶端有 2 长芒，成熟后开裂。种子肾形、褐色，具微毛。

【识别要点】托叶早落，叶柄长，叶被细柔毛。花瓣黄色，瓣上有脉纹。蒴果具 2 长芒。

【生长习性】常见于路旁、荒地和田野间。短日照植物，喜温暖湿润和阳光充足的气候，生长适温为 25～30℃，不耐寒，一般土壤均能生长，较耐旱，喜肥，在疏松而肥沃的土壤上生长茂盛。花期 7～8 月，果期 9～10 月。种子萌发需光，萌发最适温度为 15～30℃，pH 为 4～8。

【危害】植株高大，与大豆等竞争水、肥和光等资源，主要为害旱田作物，使大豆等作物减产。苘麻是烟粉虱（*Bemisia tabaci*）、烟草花叶病毒（TMV）等的寄主；也是我国进境植物检疫潜在危险性病毒棉花卷叶病毒（cotton leaf curl virus，CLCuV）的寄主之一；还是露湿漆斑菌（*Myrothecium roridum*）的寄主之一，该菌侵染大豆、扁豆、茄、辣椒、甜菜和番茄等

多种植物，引起茎基腐病、腐败病、漆腐病或轮纹病等。

【防治方法】苗期拔除。80% 阔草清水分散粒剂和砜嘧磺隆防治效果好。

【用途】叶可作猪饲料。茎皮纤维色白，具光泽，可编织麻袋、搓绳索和编麻鞋等纺织材料。种子含油量 15%～16%，供制皂、油漆和工业用润滑油；种子代冬葵子入药，有利尿、通乳之效。根及全草药用，能祛风、解毒。苘麻是棉铃虫特别是二代棉铃虫的理想诱集作物，可以在测报和防治上应用。在棉花和大豆的整个生长期间，苘麻对 B 型烟粉虱均有极显著的诱集作用。

【原产地】印度。

【首次发现时间与引入途径】明朝即有记录，可能作为麻类作物引入。1915 年在江苏和安徽采集到标本。辽宁于 1955 年在沈阳采集到标本；吉林于 1951 年在安图县采集到标本；黑龙江于 1950 年在哈尔滨采集到标本。

【传播方式】主要以种子传播，易混杂在其他植物种子中远距离传播。

【分布区域】在东北主要分布于辽宁全省，吉林长春、四平、通化和白城，黑龙江哈尔滨和伊春。内蒙古、河北、河南、山东、山西、北京、天津、陕西、甘肃、宁夏、新疆、浙江、福建、上海、江苏、安徽、江西、台湾、湖北、湖南、四川、贵州、云南、广东和广西等地均有分布。我国除青藏高原外大部分地区为其适生区。

参 考 文 献

刘惠，倪士峰，康金虎，等. 2010. 苘麻属植物的药学研究概况 [J]. 西北药学杂志，25（1）：68-69

王金淑. 2012. 光照和温度等因素对苘麻种子萌发特性的影响 [J]. 北方园艺，（1）：50-51

杨晓红，康建华，黄永红. 2007. 野生苘麻对棉铃虫的诱集作用及其技术探讨 [J]. 中国棉花，1（6）：324

张金华. 1997. 一种理想的棉铃虫诱集作物——苘麻 [J]. 植保技术与推广，17（3）：44

张子丰，高士才. 2012. 阔草清防除玉米田苘麻示范试验 [J]. 现代化农业，2：4

群落

花

果实

十五、马鞭草科

46 长苞马鞭草 *Verbena bracteata* Cav. ex Lag. & J. D. Rodriguez

【异名】*Verbena bracteata* f. *albiflora*（Cockerell）Moldenke

【英文名】bigbract verbena，bracted verbena

【中文别名】苞叶马鞭草、匍匐马鞭草、地毯马鞭草

【形态特征】马鞭草科（Verbenaceae）一年生或二年生草本。茎四棱形，丛生，分枝多，平卧，上部斜升，具伸展的粗毛。单叶对生，披针状至卵状披针状，具糙伏毛，叶柄通常具翼，叶片长 5～8 cm，宽 1～3 cm，具不规则齿裂，常 3 裂，中间裂片大。穗状花序顶生，苞片线状披针形，全缘，长 0.5～1.5 cm，具粗毛；花萼具粗毛，萼裂且靠合；花冠不显著，5 裂，几被苞片覆盖，浅蓝色至淡紫色，少白色，喉部内侧有细柔毛；雄蕊 4，着生于冠筒中部，2 枚在上，2 枚在下，花丝极短；子房 2 心皮合生，4 室。果实外被具毛的宿存花萼，小坚果线形，黄色至红褐色，合生面密被乳突，外侧上半部有网状突起，下半部为细条状突起。

【识别要点】全株被绒毛。茎平卧，四棱形。叶片 3 裂。苞片显著长于花萼，花冠白色至蓝紫色。

【生长习性】生于路边、田野、牧场、荒地等干扰较大的空旷地带，海拔 2700 m 以下均可生长。花期 5～9 月，果期 6～10 月。

【防治方法】加强引种管理，人工拔除。

【用途】具一定观赏价值，可作为地被植物用于绿化。

【原产地】北美洲。

【首次发现时间】我国最早标本于 1976 年采自东沙群岛。辽宁于 2001 年采自大连马兰水库。

【传播方式】通过引种园林植物，以及园林苗木运输过程中无意散播。

【分布区域】在东北主要分布于辽宁沈阳、大连。我国除西藏、青海等地外，大部分地区为其适生区。

参 考 文 献

王青，李艳，陈辰. 2005. 中国马鞭草属的新记录——长苞马鞭草［J］. 植物学通报，（1）：32-34

植株

花序

茎叶

十六、柳叶菜科

47 月见草 *Oenothera biennis* L.

【异名】*Oenothera muricata* L., *Oenothera suaveolens* Desfontaines, *Onagra biennis*（L.）Scopoli, *Onagra muricata*（L.）Moench

【英文名】evening primrose

【中文别名】山芝麻、夜来香

【形态特征】柳叶菜科（Onagraceae）直立二年生或多年生粗壮草本。茎高50～200 cm，被曲柔毛与伸展长毛，在茎枝上端常混生有腺毛。基生叶倒披针形，长10～25 cm，宽2～4.5 cm，先端锐尖，基部楔形，边缘疏生不整齐的浅钝齿，侧脉每侧12～15条，两面被曲柔毛与长毛；叶柄长1.5～3 cm。茎生叶椭圆形至倒披针形，长7～20 cm，宽1～5 cm，先端锐尖至短渐尖，基部楔形，边缘每边有5～19枚稀疏钝齿。花两性，花序穗状，不分枝，或在主序下面具次级侧生花序；萼片绿色，有时带红色，长圆状披针形，长1.8～2.2 cm，下部宽大处4～5 mm，先端骤缩呈尾状，长3～4 mm，在芽时直立，彼此靠合，开放时自基部反折，但又在中部上翻，毛被同花管；花冠4裂，单生叶腋，鲜黄色，夜间开放，白天闭合；雄蕊8；雌蕊柱头4裂，子房下位，圆柱状，绿色，具4棱，长1～1.2 cm，粗1.5～2.5 mm，密被伸展长毛与短腺毛，有时混生曲柔毛。蒴果圆柱形或棱柱形，4室，长3～4 cm。种子在果中呈水平状排列，暗褐色，菱形，长1～1.5 mm，径0.5～1 mm，具棱角，各面具不整齐洼点。

【识别要点】基生叶丛生，呈莲座状；茎生叶互生，下部叶片狭长披针形，上部叶片短小。花黄色，傍晚至夜间开放。蒴果圆柱形，种子细小。

【生长习性】适应性强，耐酸、耐旱，对土壤要求不严，一般在中性、微碱或微酸性，排水良好，疏松的土壤上均能生长。花期6～10月，果熟期8～11月。

【危害】根系发达，与作物竞争养分，是豆科植物毁灭性病害三叶草核盘菌（*Sclerotinia trifoliorum*）的寄主之一。

【防治方法】连根拔除；常用阔叶类除草剂均可防除。

【用途】月见草花香美丽，常栽培观赏用。花可提制芳香油。种子可榨油食用和药用。茎皮纤维可制绳。根为解热药，可治感冒、喉炎等。种子含油量达25.1%，其中含γ-亚麻酸达8.1%。

【原产地】加拿大与美国东部。

【首次发现时间与引入途径】我国作为药用植物引入，1900年首次在辽宁大连采集到标本。吉林于1950年在蛟河老爷岭采集到标本；黑龙江于1955年在密山采集到标本。

【传播方式】种子小，易混杂在其他种子中。月见草自播能力强，经一次种植，其自播苗即可每年自生。

【分布区域】在东北主要分布于辽宁全省，吉林长春、吉林和延边，黑龙江牡丹江、伊春、哈尔滨、鸡西、佳木斯、双鸭山、齐齐哈尔、绥化、黑河、七台河和鹤岗。北京、河北、天津、云南、贵州和四川等地均有分布。我国东北、华北、华东和西南均为其适生区。

群落

幼苗　　　花　　　果序

参 考 文 献

林宝录，张俊兰，赵占英. 1986. 月见草 [J]. 中国野生植物，（4）：6

马成龙. 1997. 月见草 [J]. 植物杂志，（6）：5

佘思勇，宋淑红. 2005. 月见草栽培技术 [J]. 农民致富之友，（2）：15

王燕，王甲云. 2001. 保持生态平衡的草种月见草 [J]. 中国种业，2（3）：31-32

48 长毛月见草 *Oenothera villosa* Thunb.

【异名】*Onagra strigosa* Rydb.，*Oeno-thera strigosa*（Rydb.）Mack. & Bush

【中文别名】绒毛月见草

【形态特征】柳叶菜科（Onagraceae）二年生草本，主根粗大。茎高 50～200 cm，密被近贴生的曲柔毛与长毛。基生叶莲座状，两面被贴生的曲柔毛与长柔毛，狭倒披针形，先端锐尖，基部渐狭，边缘具明显的浅齿；茎生叶暗绿色或灰绿色，自下而上由大变小，倒披针形至椭圆形。花序穗状，生茎顶端，不分枝，顶端直立；苞片披针形至狭椭圆形或卵形，近无柄，长过花蕾。蒴果圆柱状，向上渐变狭，具红色条纹与淡绿色脉纹，裂片顶端直立。种子短楔形，深褐色，具棱角，各面具不整齐洼点。

【识别要点】茎叶密被贴生毛。蒴果具红绿相间脉纹。种子具棱角与不整齐洼点。

【生长习性】常生于田园边、荒地、沟边较湿润处。花期 7～9 月，果期 9～10 月。

【危害】同月见草。

【防治方法】同月见草。

【用途】种子药用，也可榨油食用。

【原产地】北美洲。

【首次发现时间】我国最早标本于 1956 年采集自北京。吉林于 1959 年在通化采集到标本。

【传播方式】同月见草。

【分布区域】我国黑龙江、吉林、辽宁、河北有栽培，部分地区有野化。我国大部分地区为其适生区。

群落　　果实　　花　　花序

参 考 文 献

李瑞莉，齐淑艳，刘娜，等. 2017. 铅、镉、铜对 4 种入侵植物种子萌发及幼苗生长的影响［J］. 东北师大学大学报（自然科学版），49（4）：101-108

张淑梅，闫雪，王萌，等. 2013. 大连地区外来入侵植物现状报道［J］. 辽宁师范大学学报（自然科学版），36（3）：393-399

49 小花山桃草 *Gaura parviflora* Dougl.

【异名】*Gaura australis* Griseb.，*Gaura hirsuta* Scheele，*Gaura micrantha*（Spach）D. Dietr.，*Schizocarya micrantha* Spach

【英文名】smallflower gaura

【中文别名】光果小花山桃草

【形态特征】柳叶菜科（Onagraceae）一年生草本，主根粗达 2 cm。茎直立，不分枝，或在顶部花序之下少数分枝，高 50～100 cm。基生叶宽倒披针形，长达 12 cm，宽达 2.5 cm，先端锐尖，基部渐狭下延至柄；茎生叶狭椭圆形、长圆状卵形，有时菱状卵形，长 2～10 cm，宽 0.5～2.5 cm，先端渐尖或锐尖，基部楔形下延至柄，侧脉 6～12 对。花序穗状，有时有少数分枝，生茎枝顶端，长 8～35 cm；苞片线形，长 2.5～10 mm，宽 0.3～1 mm。花傍晚开放；花萼 4 裂，萼片绿色，线状披针形，长 2～3 mm，宽 0.5～0.8 mm，花期反折；花瓣 4，白色，以后变红色，倒卵形，长 1.5～3 mm，宽 1～1.5 mm，先端钝，基部具爪；雄蕊 8，花丝长 1.5～2.5 mm，基部具鳞片状附属物，花药黄色，长圆形，长 0.5～0.8 mm，花粉在开花时或开花前直接授粉在柱头上；花柱长 3～6 mm，伸出花管部分长 1.5～2.2 mm；柱头围以花药，具深 4 裂。蒴果坚果状，纺锤形，长 5～10 mm，径 1.5～3 mm，具不明显 4 棱。种子 4 或 3（其中 1 室的胚珠不发育），卵状，长 3～4 mm，径 1～1.5 mm，红棕色。

【识别要点】叶阔卵形，被细柔毛，表面有皱缩。花序多，小花下垂。

【生长习性】生命力强，适应性广泛，繁殖迅速，可生于路边、山坡和田埂，多见于废耕荒地和路边。花期 7～8 月，果期 8～9 月。

【危害】危害性较大的外来植物之一，植株高大，幼苗期短，生长快，在入侵地往往形成单优种群落；释放化感物质抑制农作物生长，对入侵地农林业与生物多样性带来极大危害。

【防治方法】加强种子检疫；加强苗期防治，可人工拔除，也可用阔叶类除草剂。

【原产地】美国密西西比河以西草原、墨西哥北部。

【首次发现时间与引入途径】1930 年在山东首次采到标本，为引种栽培种，后逸为杂草。

【传播方式】种子极小，易混杂在其他植物种子中，也可随交通工具传播。

【分布区域】在东北主要分布于辽宁大连和丹东。河南、河北、山东、安徽、江苏和上海等地均有分布。东北、华北及西北大部分地区均为其适生区。

茎叶 果实 花序

参 考 文 献

杜卫兵，叶永忠，彭少麟. 2003. 小花山桃草季节生长动态及入侵特性 [J]. 生态学报，23（8）：
　　1679-1684

黄萍，顾东亚，沈俊辉，等. 2008. 入侵植物小花山桃草的化感作用研究 [J]. 河南科学，26（12）：
　　1484-1487

刘龙昌，范伟杰，董雷鸣，等. 2012. 入侵植物小花山桃草种群构件生物量结构及种子萌发特征 [J].
　　广西植物，32（1）：69-76

芦站根. 2009. 小花山桃草入侵河北衡水 [J]. 杂草科学，（4）：73-74

十七、萝藦科

50 马利筋 *Asclepias curassavica* L.

【异名】*Asclepias nivea curassavica*（L.）Kuntze，*Asclepias aurantiaca* Salisb.

【英文名】bloodflower，tropical milkweed

【中文别名】金凤花、尖尾风、莲生桂子花、芳草花

【形态特征】萝藦科（Asclepiadaceae）多年生直立灌木状草本。高达80 cm，全株有白色乳汁。茎淡灰色，无毛或有微毛。叶柄长0.5～1 cm；叶膜质，披针形至椭圆状披针形，长6～14 cm，宽1～4 cm，顶端短渐尖或急尖，基部楔形而下延至叶柄，无毛或在脉上有微毛；侧脉每边约8条。聚伞花序顶生或腋生，花10～20朵；花萼裂片披针形，被柔毛；花冠紫红色，裂片长圆形，长5 mm，宽3 mm，反折；副花冠生于合蕊冠上，5裂，黄色，匙形，有柄，内有舌状片；花粉块长圆形，下垂，着粉腺紫红色。蓇葖果披针形，长6～10 cm，直径1～1.5 cm，两端渐尖。种子卵圆形，长约6 mm，宽3 mm，顶端具白色绢质种毛，长2.5 cm。

【识别要点】多年生宿根性亚灌木状草本植物，茎基部半木质化，具乳汁，花冠轮状5深裂，红色，副花冠黄色。

【生长习性】喜向阳、通风、温暖、干燥环境。花期几乎6～8月，果期8～12月。

【危害】一般性杂草。全株有毒，尤以乳汁毒性较强，误食后头痛、头晕、恶心和呕吐，继而腹痛、腹泻、烦躁。

【防治方法】控制引种。

【用途】可作为观赏作物用于园林绿化，全株含强心苷（白薇苷），可作药用，有除虚热利小便、调经活血、止痛和退热、消炎散肿、驱虫之效。

【原产地】西印度群岛。

【首次发现时间】我国于1931年在广东广州采集到标本。辽宁于1958年在沈阳采集到标本；黑龙江于1950年在哈尔滨采集到标本。

【传播方式】种子有毛，靠风力传播。

【分布区域】在东北主要分布于辽宁沈阳，黑龙江哈尔滨有少量逸生种群。广东、广西、云南、贵州、四川、湖南、江西、福建和台湾等地均有栽培，也有逸为野生。华北和华南地区为其适生区。

群落　　花序

参 考 文 献

孙伟，刘玉章. 2005. 马利筋栽培技术［J］. 特种经济动植物，8（2）：29

周肇基. 2007. "莲生桂子"——马利筋［J］. 花木盆景：花卉园艺，（6）：16

十八、旋花科

51 田旋花 *Convolvulus arvensis* L.

【异名】*Convolvulus chinensis* Ker Gawl.,
Convolvulus sagittifolius（Fisch.）Liou et Ling,
Convolvulus arvensis L. var. *sagittifolius* Turcz.,
Convolvulus arvensis L. var. *angustatus* Ledeb.,
Convolvulu arvensis L. var. *linearifolius* Choisy,
Convolvulus arvensis L. var. *crassifolius* Choisy

【英文名】field bindweed

【中文别名】箭叶旋花、田福花、燕子草、小旋花

【形态特征】旋花科（Convolvulaceae）多年生草本。直根入土较深。根状茎横走；地上茎蔓状，缠绕或匍匐生长，上部有疏柔毛，具棱角或条纹。叶互生；有柄，长1～2 cm；叶片形态多变，基部为戟形或箭形，长2.5～5 cm，宽1～3.5 cm，全缘或3裂，侧裂片展开，微尖，中裂片卵状椭圆形、狭三角形或披针状长椭圆形，微尖或近圆。花序腋生，有1～3花，花梗细弱，长3～8 cm；苞片2，线形，长约3 mm，与萼远离；萼片5，长3.5～5 mm，光滑或被疏毛，边缘膜质，外萼片2片长圆状椭圆形，内萼片近圆形；花冠漏斗状，长约2 cm，白色或淡红色，顶端5浅裂；雄蕊5，稍不等长，长约花冠之半，花丝被小鳞毛，柱头线形，2裂，子房2室，卵球形，无毛或疏生短柔毛。蒴果无毛，球形或圆锥形，长5～8 mm。种子4或更少，黑褐色，三棱状卵圆形，长3～4 mm，具瘤。

【识别要点】茎蔓状，缠绕或匍匐生长，具棱角或条纹。叶基部为戟形或箭形。花序腋生，花冠漏斗状，白色或淡红色，花苞片较小、圆润，且远离花萼。

【生长习性】生于农田或荒地，极普遍，可在潮湿、肥沃土壤中成片生长。再生力很强，刈割地上部、切断根部、断茬后，仍可发育成新的植株；夏秋间在近地面的根上产生越冬芽。海拔350～2000 m均可生长。在北方，花期5～8月，果期7～9月。

【危害】在大发生时，常成片生长，密被地面，缠绕向上，强烈抑制作物生长，易造成作物倒伏。棉花、豆类、小麦、玉米、蔬菜和果树受其严重危害。田旋花是小地老虎第一代幼虫的寄主。

【防治方法】加强检疫，严禁调运混有田旋花种子与根状茎的种苗。夏季加强田间管理，实现多铲多耥；用干净塑料薄膜覆盖在湿润的土壤表层6～8周，能有效杀死田旋花的地下组织。秋季深度不少于20 cm的翻地。在开花时将它销毁，连续进行2～3年，即可根除。使用草甘膦异丙胺盐、使它隆（氯氟吡氧乙酸）乳油、氟磺唑草胺等除草剂防治效果较好。黄色单胞菌属（*Xanthomonas*）对田旋花有很强的致病性，

可用于生物防治。

【用途】全草入药，也可作观赏植物。

【原产地】地中海地区。

【首次发现时间】我国最早于 1906 年在河北采集到标本。辽宁于 1910 年在旅顺（现大连旅顺口区）采集到标本；吉林于 1960 年在吉林白城双岗镇采集到标本；黑龙江于 1933 年在大兴安岭采集到标本。

【传播方式】可通过根状茎和种子繁殖、扩散。种子多混杂于收获物中传播，也可由鸟类和哺乳动物取食进行远距离传播。

【分布区域】在东北主要分布于辽宁和吉林全省，黑龙江东南部。北京、河北、河南、山西、宁夏、甘肃、青海、内蒙古和西藏等地均有分布。华东、华北、西北和西南地区均为其适生区。

群落

植株

花

参 考 文 献

李新林，蔡志平，张栋海，等. 2010. 不同除草剂防治棉田田旋花效果分析［J］. 新疆农垦科技，（4）：54-55

彭建. 2005. 苜蓿种子田恶性杂草田旋花的生态生物学特性及防除技术研究［D］. 乌鲁木齐：新疆农业大学硕士学位论文

孙新建，秦德江，陈刚. 2006. 棉田恶性杂草田旋花化除技术［J］. 新疆农业科技，（1）：30

王义生，李德春，郭东梅，等. 2012. 75% 氟磺唑草胺 WG 对田旋花的防除效果［J］. 杂草科学，（4）：60-66

肖良. 1992. 美国对防除 10 种恶性杂草的研究［J］. 世界农业，（5）：37-38

邢家华，郑重. 2000. 田旋花生防细菌的初步研究［J］. 浙江化工，S1：52-54

52 茑萝松 *Quamoclit pennata*（Desr.）Boj.

【异名】*Quamoclit vulgaris* Choisy，*Quamoclit quamoclit*（L.）Britt.，*Convolvulus pennatifolius* Salisb.，*Convolvulus pinnatus* Desr.，*Convolvulus quamoclit*（L.）Spreng，*Ipomoea cyamoclita* St.-Lag.，*Quamoclit vulgaris* var. *albiflora* G. Don

【英文名】cypress vine

【中文别名】金丝线、茑萝、五角星花

【形态特征】旋花科（Convolvulaceae）一年生缠绕草本。根系发达，具直根性。茎柔弱缠绕，光滑无毛，长可达 4 m。单叶互生；叶柄短，扁平状，短于叶片；叶片无毛，长 4～7 cm，羽状细裂，裂片条形，基部 2 裂片再 2 裂；具托叶 2 片，与叶同形。聚伞花序腋生，有花 2～5 朵，通常长于叶；萼片 5，长约 5 mm，椭圆形，顶端钝或有小尖凸；花冠深红色，有白色或粉红色变种，长约 2.5 cm，筒上部稍膨大，檐部 5 浅裂。雄蕊 5，不等长，外伸，花丝基部被小鳞毛；子房无毛，4 室，柱头头状，2 裂。蒴果卵圆形，长 7～8 mm，4 室，4 瓣裂，隔膜宿存，透明。种子 4，卵圆形，无毛，长 5～6 cm，黑褐色。

【识别要点】茎柔弱缠绕。叶互生，羽状细裂，裂片条形，基部 2 裂片再 2 裂；具托叶 2 片，与叶同形。花冠深红色，筒上部稍膨大，檐部 5 浅裂。

【生长习性】喜光，喜温暖湿润环境，不耐寒，温度低时生长非常缓慢，能自播，要求土壤肥沃。种子繁殖。种子发芽适宜温度 20～25℃。在北方，花期 7～9 月。

【危害】适应性强，缠绕作物、园林苗木及森林植物，对伴生植物有绞杀作用，危害旱地作物、草坪和灌木。

【防治方法】加强检疫，严禁调运混有茑萝松种子的种苗；控制引种。

【用途】可作观赏植物。

【原产地】热带美洲。

【首次发现时间与引入途径】1629 年引入英国栽培，后作为观赏花卉有意引入我国，于 1917 年在广东采集到标本。黑龙江于 1950 年在哈尔滨采集到标本。

【传播方式】通过种子扩散进行传播。

【分布区域】东北三省及全国各地均有分布。

植株　叶　果实　花

参 考 文 献

陈小永，王海燕，丁炳扬，等. 2006. 杭州外来杂草的组成与生境特点 ［J］. 植物研究，26（2）：242-249

徐正浩，陈再廖，林云彪，等. 2011. 浙江入侵生物及防治 ［M］. 杭州：浙江大学出版社

杨瑞兴. 2002. 议天津市区藤本绿化植物 ［J］. 园林科技信息，（4）：21-23

53 圆叶牵牛 *Ipomoea purpurea*（L.）Roth

【异名】*Pharbitis purpurea*（L.）Voisgt，*Pharbiti hispida* Choisy，*Ipomoea chanetii* H. Lév.，*Ipomoea hispida* Zucc.，*Convolvulu purpureus* L.，*Pharbitis hispida* Choisy var. *lobata* Liou et Y. Ling

【英文名】common morning glory

【别名】紫花牵牛、打碗花、牵牛花、心叶牵牛

【形成特征】旋花科（Convolvulaceae）一年生攀缘草本。主根较明显，侧根发达，细长，细根多。茎缠绕，长 2～3 m，被短柔毛和倒向的粗硬毛，多分枝。叶互生，叶柄长 2～12 cm；圆卵形或阔卵形，长 5～12 cm，被糙伏毛，基部心形，边缘全缘或 3 裂，先端急尖或急渐尖，花序有花 1～5 朵，花序轴长 4～12 cm。苞片 2，线形，长 6～7 mm，被伸展的长硬毛；花梗在开花后下弯，长 1.2～1.5 cm；萼片 5，近等大，长 1.2～1.5 cm，顶端钝尖，基部有粗硬毛，靠外的 3 枚长圆形，先端近尖，靠内的 2 枚线状披针形；花冠漏斗状，紫色、淡红色或白色，长 4～5 cm，顶端 5 浅裂；雄蕊 5，内藏，不等长，花丝基部被短柔毛；雌蕊内藏，子房无毛，3 室，柱头头状，3 裂。蒴果球形，

直径 9～10 mm，3 瓣裂。种子倒卵状三棱形，黑色至暗褐色，表面粗糙，无毛。

【识别要点】茎缠绕，长 2～3 m。叶互生，圆卵形或阔卵形，全缘。花序有花 1～5 朵，萼片长圆形至披针形，花冠漏斗状，紫色、淡红色或白色。

【生长习性】多生于荒地、路边或农田，喜温暖，不耐寒，耐干旱瘠薄；海拔 2800 m 以下均可生长。种子繁殖。花期 5～10 月，果期 8～11 月。

【危害】繁殖快、生长迅速、结实率高。由于该种的草质藤本特性，往往缠绕被危害植物，郁闭阳光，造成被害植物生长发育不良。圆叶牵牛向环境释放化感物质，抑制伴生植物的生长，破坏生物多样性。

【防治方法】该草在我国为逸生，应控制引种。加强检疫，严禁调运混有圆叶牵牛种子的种苗。该种生长量大，花果期长，结实率高，杂草性强，应在花期前进行清理。可用苯达松、使它隆等化学除草剂喷杀防治，在苗期防治效果良好。土壤处理可用莠去津除草剂防除，对禾本科作物进行兼治时可与乙草胺除草剂混用。

【用途】可作为绿化植物；种子可药用。

【原产地】北美洲。

【首次发现时间与引入途径】《盛京通志》（1779）作为"喇叭花"与"牵牛"收录，作为观赏花卉有意引入。辽宁于 1951 年在凤城采集到标本；吉林于 1950 年在吉林采集到标本；黑龙江于 1949 年在哈尔滨采集到标本。

【传播方式】通过种子扩散进行传播。

【分布区域】东北三省及全国各地均有分布。

群落　果实　花

参 考 文 献

高汝勇. 2010. 入侵杂草圆叶牵牛的化感作用研究 [J]. 农业科技与装备,（10）: 32-34

王永樊, 胡玉佳. 2000. 五爪金龙和圆叶牵牛对某些除锈剂的反应 [J]. 生态科学, 19（2）: 77-79

徐正浩, 陈再廖, 林云彪, 等. 2011. 浙江入侵生物及防治 [M]. 杭州: 浙江大学出版社

晏文武, 梅赣华, 巴国强, 等. 2004. 旋花科杂草圆叶牵牛为害柑橘严重 [J]. 江西植保,（1）: 9

54 牵牛 *Ipomoea nil*（L.）Roth

【异名】*Pharbitis nil*（L.）Choisy, *Ipomoea hederacea*（L.）Jacq., *Ipomoea scabra* Forssk., *Ipomoea trichocalyx* Steud., *Ipomoea vaniotiana* H. Lév., *Convolvulus hederaceus* L., *Convolvulu snil* L., *Ipomoea nil* var. *setosa*（Blume）Boerl.

【英文名】morning glory, tall morning-glory

【中文别名】裂叶牵牛、大牵牛花、喇叭花、牵牛花

【形态特征】旋花科（Convolvulaceae）一年生缠绕草本, 全株有刺毛。主根明显, 深扎, 侧根发达, 细根多。茎细长、缠绕, 多分枝。叶互生; 叶柄长 5～7 cm; 叶片近卵状心形, 长 8～15 cm, 常 3 裂至中部, 中间裂片长卵圆形而渐尖, 两侧裂片底部宽圆, 掌状叶脉。花序有花 1～3 朵, 总花梗稍短于叶柄; 苞片 2 片, 细长; 萼片 5, 狭披针形, 具长硬毛; 花冠漏斗状, 5～8 cm, 白色、蓝色、蓝紫色、淡紫色或紫红色, 管部白色; 雄蕊 5, 不伸出花冠外, 花丝不等长, 基部稍阔被柔毛; 子房 3 室, 无毛, 每室有 2 胚珠, 柱头头状。蒴果球形, 直径 0.8～1.3 cm。种子 5～6 枚, 卵状三棱形, 无毛, 长约 0.6 cm, 黑褐色或米黄色。

【识别要点】全株有刺毛。叶互生, 近卵状心形, 常 3 裂至中部。花序有花 1～3 朵; 苞片 2, 细长; 萼片 5, 狭披针形; 花冠漏斗状。种子卵状三棱形。

【生长习性】生于田边、路旁、河谷、宅院、果园和山坡, 适应性很广, 喜温暖、向阳环境, 耐热, 也耐半阴, 不耐寒, 怕霜冻, 入秋则枯, 对土壤要求不严, 较耐旱, 耐盐碱及土壤瘠薄, 但在湿润肥沃壤土中生长好, 忌积水, 属深根性植物。海拔 100～1600 m 均可生长。种子繁殖, 4～5 月萌发。花期 7～9 月, 果期 8～10 月。

【危害】危险性杂草, 往往缠绕被危害植物, 郁闭阳光, 造成被害植物生长发育不良, 已成为庭院、果园、苗圃等常见杂草, 有时危害草坪和灌木。该种是露湿漆斑菌的寄主之一, 该菌侵染大豆、扁豆、茄、辣椒、甜菜和番茄等多种植物, 引起茎基腐病、腐败病、漆腐病或轮纹病等; 向环境释放化感物质, 抑制伴生植物的生长, 破坏生物多样性。

【防治方法】同圆叶牵牛。

【用途】可作为绿化植物; 种子可药用。

【原产地】美洲热带。

【首次发现时间与引入途径】中国近代作为观赏花卉有意引入。辽宁于 1925 年在丹东采集到标本; 黑龙江于 1950 年在哈尔滨尚志采集到标本。

【传播方式】通过种子扩散进行传播。

【分布区域】东北三省及全国各地均有分布。

群落

果实

花

参 考 文 献

刘明久，周修任，许桂芳，等. 2008. 裂叶牵牛浸提液对几种种子萌发的化感作用 [J]. 生态环境，17（3）：1190-1192

王永樊，胡玉佳. 2000. 五爪金龙和圆叶牵牛对某些除锈剂的反应 [J]. 生态科学，19（2）：77-79

王继善. 2009. 瓦房店市玉米田裂叶牵牛的发生及药剂防控对策 [J]. 现代农业科技，（10）：98

吴彦琼，胡玉佳. 2004. 外来植物南美蟛蜞菊、裂叶牵牛和五爪金龙的光和特性 [J]. 生态学报，24（10）：2334-2339

徐正浩，陈在廖，林云彪，等. 2011. 浙江入侵生物及防治 [M]. 杭州：浙江大学出版社

十九、紫草科

55 聚合草 *Symphytum officinale* L.

【异名】*Symphytum uliginosum* Kern.，*Symphytum officinale* subsp. *uliginosum*（Kern.）Nyman

【中文别名】紫草根、友谊草、爱国草

【英文名】common comfrey

【形态特征】紫草科（Boraginaceae）丛生型多年生草本，高 30～90 cm。全株被向下稍弧曲的硬毛和短伏毛。根发达，主根粗壮，淡紫褐色。茎数条，直立或斜升，有分枝。基生叶具长柄，茎中部和上部叶无柄；基生叶通常 50～80，叶片披针形、卵状披针形至卵形，长 30～60 cm，宽 10～20 cm，稍肉质，先端较尖；茎中部和上部叶较小，沿叶柄基部下延。单歧聚伞花序含多数花；花萼裂至近基部，裂片披针形，先端较尖；花冠长 14～15 mm，淡紫色、紫红色至黄白色，裂片三角形，先端外卷，喉部附属物披针形，长约 4 mm，不伸出花冠檐；花药长约 3.5 mm，顶端有稍突出的药隔，花丝长约 3 mm，下部与花药近等宽；子房通常不育，偶尔个别花内 1 个小坚果。小坚果歪卵形，长 3～4 mm，黑色、平滑、有光泽。

【识别要点】丛生型多年生草本植物。基生叶 50 片以上，有长柄。单歧聚伞花序，花冠淡紫色，喉部附属物披针形。

【生长习性】中生植物，喜温湿环境，在河涧、湖畔、山地、草原和林下的郁闭环境生长旺盛；耐寒性较强，根系可耐受 −40℃低温，7～10℃即可生长，22～28℃生长最快，5℃停止生长；根系发达，入土深，具有一定的耐旱性。种子发芽率很低，一般将主根切成短节进行无性繁殖。花期 5～10 月，生育期 230～280 d。

【危害】生长迅速，迅速覆盖地面抑制其他植物生长，并从土壤吸收大量营养，尤其是氮元素，限制伴生植物生长。植株内含双稠吡咯啶生物碱（pyrrolizidine alkaloids，PA），具有严重的肝和中枢神经毒性。

【防治方法】苗期连根拔除。青枯假单胞杆菌（*Pseudomonas solanacearum* Smith）能导致聚合草青枯病，具有生物防治潜力。

【用途】聚合草叶多茎嫩，产量高，质地细软，不仅适口性好，而且消化率也较高，适合作多种家畜的饲料，亦可青贮或制成干草粉长期保存。聚合草花期长达 2 个月，可作为蜜源植物；其花冠有白色、黄色和紫蓝色，花期长，可作庭院观赏花卉。聚合草也含有尿囊素（allantoin），在民间广泛用于治疗创伤和溃疡。

【原产地】高加索地区和欧洲中部。

【首次发现时间与引入途径】我国于 19 世纪 50 年代作为牧草与观赏植物引入。

【传播方式】通过人为引种传播，偶见种子传播。

【分布区域】东北三省均有分布。北京、内蒙古、浙江、湖南、广西、云南、广东和海南等地有引种栽培。我国大部分地区为其适生区。

整株　植株（周繇摄）　幼苗　花序　花

参 考 文 献

柴瑞娟. 2012. 聚合草栽培 [J]. 中国花卉园艺,（20）: 38

丁伯良. 1984. 朝鲜聚合草中双稠吡咯啶生物碱的急性毒性研究 [J]. 畜牧兽医学报,（4）: 3-5

黄民权. 1999. 聚合草——一种引入的致癌植物 [J]. 植物杂志,（1）: 11

黄文慧. 1977. 国外对聚合草的研究 [J]. 中国畜牧兽医,（3）: 19-21

廖景亚, 吴霆, 孙莉莲, 等. 1982. 聚合草青枯病的发生规律及病原菌的研究 [J]. 植物病理学报, 12（4）: 43-48

林玉松. 1985. 聚合草枯萎烂根（青枯病）病原细菌鉴定 [J]. 浙江农业大学学报, 11（1）: 31-39

汪徽, 金月英, 雷祖玉, 等. 1982. 朝鲜聚合草生物砷毒性的研究 II. 总生物砷和聚合草素的大白鼠毒性试验 [J]. 中国草地科学,（4）: 58-60

王文采. 1986. 中国紫草科植物小志（二）[J]. 植物研究, 6（3）: 79-98

吴青年. 1975. 介绍一种有前途的高产饲料作物——友谊草（爱国草）[J]. 甘肃畜牧兽医杂志,（4）: 48-50

杨淑性, 白崇仁. 1979. 聚合草开花结实生物学特征的研究 [J]. 西北农学院学报,（1）: 97-101

朱堃熹, 王秉栋, 许益民, 等. 1982. 聚合草喂猪的毒性试验 [J]. 江苏农学院学报, 3（3）: 44-52

Miller LG. 1998. Herbal medicinals: selected clinical considerations focusing on known or potential drug-herb interactions [J]. Archives of Internal Medicine, 158（20）: 2200-2211

Miskelly FG，Goodyer LI．1992．Hepatic and pulmonary complications of herbal medicines［J］．Postgraduate
  Medical Journal，68：935-936

56　琉璃苣 *Borago officinalis* L.

【异名】*Borago advena* Gilib.，*Borago aspera* Gilib，*Borago hortensis* L.

【英文名】borage，starflower

【中文别名】紫草、滨来香菜、黄瓜草、开心草、星状花

【形态特征】紫草科（Boraginaceae）一年生草本，稍具黄瓜香味。根可入土20～40 cm，为深根性植物。茎具棱，被刺毛，肉质化，分枝能力较强，抽薹后茎中空。株高一般在60～100 cm，全株有糙毛。单叶互生，叶柄长5～10 cm；叶片长椭圆形或卵形，长5～15 cm，宽2～8 cm，叶大，长圆形，粗糙有毛刺。疏散的蝎尾状聚伞花序下垂，同株异花授粉；花梗通常淡红色；花瓣5裂，通常为蓝色，但也有粉色或白色的变种，花冠管喉部的鳞片顶端微凹；雄蕊鲜黄色，5枚，在花中心排成圆锥形，全缘或微波状，花药顶端有小尖头，背面有细条状附属物。长卵形小坚果4枚，密生锚状刺。种子棕黑色，长方形，长约5 mm，表面平滑或有乳头状突起。

【识别要点】稍具黄瓜香味。叶和茎上都有毛刺。茎具棱，肉质化。疏散的蝎尾状聚伞花序下垂。

【生长习性】抗逆性极强，适应性广，耐寒，能忍受−11℃低温，喜肥水，耐干旱，最适在轻质沃土上生长，适宜土壤pH

6～7，半荫下长势好。种子在常温下发芽力持续约8年。在温带地区，其花期6～9月，在气候温暖适宜的地区可全年开花。

【危害】叶片含有少量致肝中毒的双稠吡咯啶生物碱。

【防治方法】人工铲除。一般阔叶类除草剂均可防除。

【用途】琉璃苣的叶和花都可以作蔬菜食用，鲜叶及干叶也可用于炖菜及汤、饮料的调味。干燥的花也可以泡茶，是一种蓝色的食品着色剂。琉璃苣还可药用，可治疗干咳，有催乳、益肾等功能。目前大量种植琉璃苣主要用于采收种子以提炼种油，种子油可以代替月见草油，治疗风湿、湿疹和月经不调。此外，琉璃苣还可作为蜜源植物和园林观赏植物。

【原产地】小亚细亚及地中海沿岸。

【首次发现时间与引入途径】1996年中国科学院黑龙江农业现代化研究所引种栽培，作为观赏、特色蔬菜、蜜源植物和药材引入。辽宁于2006年在大连旅顺口区采集到标本。

【传播方式】主要以种子传播。

【分布区域】在东北主要分布于辽宁大连和黑龙江各地。福建、江西、新疆和甘肃也有分布。我国北方大部分地区为其适生区。

参 考 文 献

买买提·努尔艾合提，吐尔洪·艾买尔，木合塔尔·奴尔买买提，等．2012．维吾尔药材琉璃苣的种植技术研究［J］．现代中药研究与实践，26（1）：12-13

饶璐璐．1998．具有黄瓜香味的琉璃苣［J］．北京农业，（6）：20-21

任吉君，王艳，韩雪梅．1997．黄瓜草——琉璃苣［J］．植物杂志，（3）：16-17

任吉君. 1997. 黑龙江新引国外蔬菜简介［J］. 中国蔬菜,（5）：50

吴敬才, 沈钦霖. 1999. 国外引进花卉新品种琉璃苣［J］. 福建农业, 99（7）：28

杨博, 央金卓嘎, 潘晓云, 等. 2010. 中国外来陆生草本植物：多样性和生态学特性［J］. 生物多样性,
18（6）：660-666

57　车前叶蓝蓟 *Echium plantagineum* L.

【异名】*Echium violaceum* L., *Echium longistamineum* Pourr. ex Lapeyr.

【英文名】purple viper's-bugloss, Paterson's curse

【中文别名】地中海蓝蓟、紫色牛舌草

【形态特征】紫草科（Boraginaceae）一年生草本植物。全株被绒毛。茎直立, 高30～60 cm。基生叶椭圆形, 长 10～14 cm, 中脉明显, 花期枯萎；茎生叶线状披针形。聚伞花序簇生于枝端, 组成圆锥花序；花冠斜漏斗状, 初为红色, 后变成蓝紫色, 亦有白色, 长 15～20 mm, 长在穗状分枝上, 所有的雄蕊凸出。

【识别要点】全株被绒毛。叶片长椭圆形。花冠蓝紫色。

【生长习性】多生于田间、路边；海拔200～2000 m 均可生长。花期 5～7 月, 果期 8～9 月。

【危害】茎叶含高浓度吡咯里西啶类生物碱（pyrrolizidine alkaloids）, 对牲畜有毒, 尤其是马等消化系统简单的牲畜由于毒素在肝沉积导致死亡。美国俄勒冈州宣布其为有毒杂草。

【防治方法】加强引种管理。

【用途】种子油具有优良的分散、乳化、润滑能力, 可作为调理剂、润肤剂、溶剂等应用于个人护理用品领域。车前叶蓝蓟对皮肤、眼睛有刺激性；对环境可能有危害, 对水体应谨慎应用。

【原产地】西欧和南欧（从英格兰南部到伊比利亚, 东至克里米亚）、北非和亚洲西南部（东至格鲁吉亚）, 被引入到澳大利亚、南非和美国, 成为当地入侵植物。

【首次发现时间】我国最早标本于 1935年采自江苏南京。辽宁于 2016 年发现于沈阳棋盘山路边绿化带。

【传播方式】通过引种园林植物带入, 以及园林苗木运输过程中无意散播。

【分布区域】在东北主要分布于辽宁沈阳、大连。我国大部分地区为其适生区。

参 考 文 献

Piggin CM. 1995. *Echium plantagineum* L. In：Groves RH, Shepherd RCH, Richardson RG. The Biology of Australian Weeds（1）. Melbourne：CABI, 87-110

二十、玄 参 科

58 阿拉伯婆婆纳 *Veronica persica* Poir.

【异名】*Veronica tournefortii* C. C. Gmel.

【英文名】 birdeye speedwell，common field-speedwell，Persian speedwell

【中文别名】灯笼草、灯笼婆婆纳、波斯婆婆纳

【形态特征】玄参科（Scrophulariaceae）一年生草本。茎铺散多分枝，高 10～50 cm，密生两列多细胞柔毛。叶 2～4 对，具短柄，卵形或圆形，长 6～20 mm，宽 5～18 mm，基部浅心形、平截或浑圆，边缘具钝齿，两面疏生柔毛。总状花序，苞片互生，与叶同形且几乎等大；花梗比苞片长，有的超过 1 倍；花萼花期长仅 3～5 mm，果期增长达 8 mm，裂片卵状披针形，有睫毛，三出脉；花冠蓝色、紫色或蓝紫色，长 4～6 mm，裂片卵形至圆形，喉部疏被毛；雄蕊短于花冠。蒴果肾形，被腺毛，成熟后几乎无毛，网脉明显，凹口角度超过 90°，裂片钝，宿存的花柱长约 2.5 mm，超出凹口。种子背面具深的横纹，长约 1.6 mm。

【识别要点】花梗明显长于苞片；蒴果表面明显具网脉，凹口大于 90°，裂片顶端钝而浑圆。

【生长习性】生于路边、荒野，喜阴凉，海拔 1700 m 以下均可生长。种子繁殖。花期 3～5 月，果期 4～7 月。

【防治方法】人工拔除。

【用途】全草可用于治疗风湿；乙醇提取物具有杀虫作用。

【原产地】亚洲西部及欧洲。

【首次发现时间】我国最早标本于 1908年采自江苏。辽宁于 2001 年采自大连马兰水库。

【传播方式】通过引种园林植物带入，以及园林苗木运输过程中无意散播。

【分布区域】在东北主要分布于辽宁沈阳、大连。主要分布于山东、江苏、安徽、浙江、福建、上海、湖北、湖南、河南、江西、贵州、云南、西藏（东部）和新疆（伊宁）。我国大部分地区为其适生区。

参 考 文 献

陈旭波，蔡凡凡，陈睿，等.2017. 入侵植物乙醇提取物对绿豆象的生物活性测定［J］. 江苏农业科学，45（9）：83-86

张淑梅，李忠宇，王萌，等．2016. 辽宁的新纪录植物［J］. 辽宁师范大学学报（自然科学版），39（3）：390-402

张淑梅，闫雪，王萌，等．2013. 大连地区外来入侵植物现状报道［J］. 辽宁师范大学学报（自然科学版），36（3）：393-399

群落

果实

花

二十一、唇 形 科

59 矛叶鼠尾草 *Salvia reflexa* Hornem.

【异名】*Salvia aspidophylla* Schult.，*Salvia trichostemoides* Pursh

【英文名】lanceleaf sage，rocky mountain sage，blue sage

【形态特征】唇形科（Lamiaceae）一年生草本植物。茎直立，表面光滑或被细柔毛，分枝平展、扩散。单叶，对生，叶片狭长，长圆形至长矛状长圆形，长2.5～5 cm，宽0.6～1.3 cm，基部逐渐变细，尖端逐渐变细至钝或几乎圆形，叶缘通常向上微卷，具浅齿。花序腋生，小花对生或轮生排列成穗状花序，苞片鳞片状；花萼管状，中部折叠，上下各形成三角形裂片，沿主脉有细毛；花冠筒为不规则，外表面密布绒毛；下唇宽，舌状，3裂，中央裂片大，上唇1片；雄蕊2个，不等长；柱头2叉。小坚果4个，椭圆形。种子灰色、黄色至黑色。

【识别要点】茎4棱，单叶对生，矛状，两面具白色短柔毛。

【生长习性】喜光，易生于干燥的沙土或岩石土，草原、山坡、路旁等处分布较多。花期6～7月，果期8～10月。

【危害】生长迅速，易形成单优种群落，与当地植物竞争资源；植株能积累硝酸盐，对牛、羊有毒。

【防治方法】人工拔除，常用除草剂防治。

【原产地】北美洲和中美洲。

【首次发现时间与引入途径】我国于2007年在辽宁朝阳首次发现，随粮食调运无意引进。

【传播方式】随粮食、牧草运输，水流及牲畜等传播。

【分布区域】在东北主要分布于辽宁朝阳、阜新、锦州等地。内蒙古赤峰也有分布。我国北方大部分地区为其适生区。

参 考 文 献

Alec MC，Andrea S，Claire W，et al. 2010. Evaluation of the Australian weed risk assessment system for the prediction of plant invasiveness in Canada［J］. Biological Invasions，12：4085-4098

Shao MN，Qu B，Drew BT，et al. 2019. Outbreak of a new alien invasive plant *Salvia reflexa* in northeast China［J］. Weed Science，59（2）：1-8

二十二、茄　科

60　刺萼龙葵 *Solanum rostratum* Dunal.

【异名】*Solanum cornutum* Lam.，*Androcera lobata* Nutt.，*Androcera rostrata* Rydb.

【英文名】buffalo bur，Kansas thistle，prickly nightshade

【中文别名】黄花刺茄、堪萨斯蓟、刺茄、尖嘴茄、黄花子

【形态特征】茄科（Solanaceae）一年生草本。主根发达，侧根较少，多须根。茎直立，高10~100 cm，自中下部多分枝，基部稍木质化。叶互生；叶柄长0.5~5 cm，密被刺及星状毛；叶片卵形或椭圆形，长8~18 cm，宽4~9 cm，呈不规则羽状分裂，先端钝，表面疏被5~7分叉星状毛，背面密被5~9分叉星状毛，两面脉上疏具刺。花两性，排列成总状花序；花萼筒钟状，长7~8 mm，宽3~4 mm，密被刺及星状毛，萼片5，线状披针形，长约3 mm，密被星状毛；辐射对称，黄色，下部合生，上部5裂片，向外翻卷，直径2~3.5 cm，花瓣外密被星状毛；雄蕊5，1长4短，花药黄色，异型，大花药后期常带紫色，花开放时花药于顶端孔裂；单雌蕊，细长，尖端向内弯曲，花柱淡黄色稍弯曲。浆果，成熟时顶端开裂，种子多数。种子呈不规则肾形，厚扁平状，黑色或深褐色，表面具蜂窝状凹坑，侧面呈肋状突起。

【识别要点】全株被硬刺。叶羽状深裂。花冠黄色，雄蕊异型（1长4短）。浆果顶端开裂。种子不规则肾形，表面具网状凹。

【生长习性】适应性极强，喜光，耐干旱、耐贫瘠、耐盐碱、耐水淹，生于荒地、河岸、庭院、谷仓前、畜栏、过度放牧的草地、路边、垃圾场等。种子有休眠现象，次年春天萌发，一般播后10~15 d出苗。花期6~10月，果期7~11月，生长期150 d左右。

【危害】入侵性极强，在我国属高度危险的检疫性杂草，是我国进境植物检疫危险性杂草。竞争力强，极易形成单优种群落，与当地物种争夺光照、水分、养分和生长空间，危害小麦、玉米、棉花和大豆等农作物，抑制作物生长；入侵牧场后降低草场质量；威胁入侵地的生物多样性和生态平衡，并导致土地荒芜。根、叶和果实中含有茄碱等生物碱，毒性高，牲畜误食后可导致中毒甚至死亡。全株具毛刺，可扎入牲畜的皮毛和黏膜，降低牲畜皮毛的价值。此外，刺萼龙葵还是中国检疫对象马铃薯甲虫（*Leptinotarsa decemlineata*）和马铃薯白线虫（*Globodera pallida*）的重要寄主，其传播和扩散会对马铃薯甲虫的防治工作带来新挑战。

【防治方法】严格检疫，严禁随意进口和调运混有刺萼龙葵种子的农产品。刺萼龙

葵属强阳性植物，可早播作物，适当用覆地膜。其根系浅，苗期可用锄彻底铲除，花果期根粗壮，需用镐刨除。可联合使用2,4-二氯苯氧乙酸和百草敌进行化学防治；也可用紫穗槐和沙棘等生长速度快、易形成密丛的植物进行替代控制。

【用途】可用作治疗肠胃病的草药。此外，植株含有对人类癌细胞有毒性作用的甲基原薯蓣皂苷，以及对马铃薯环腐病具一定抗性的滤过性毒素，在植物保护方面具有一定价值。

【原产地】美国和墨西哥。

【首次发现时间与引入途径】我国于1980年在北京首次采集到标本，随粮食调运引入。辽宁于1981年在朝阳首次发现；吉林于2010年在白城首次发现。

【传播方式】果实不脱落，但可随断裂植株的随风滚动传播种子，或其刺扎入动物皮毛、人的衣服、农机具及包装物进行传播，或种子随风或水流传播，也极易混入其他植物的种子进行远距离传播。

【分布区域】在东北主要分布于辽宁朝阳、阜新、锦州和大连，吉林白城和延边。河北、北京、新疆和内蒙古等地均有分布。除西藏、青海、海南、广东、四川、云南、贵州和重庆外均为其适生区。

群落

花

茎

果实

茎基断面

参 考 文 献

关广清，高东昌，李文耀，等. 1984. 刺萼龙葵种检疫性杂草 [J]. 植物检疫，(4)：25-28

贺俊英，哈斯巴根，孟根其其格，等. 2011. 内蒙古新外来入侵植物黄花刺茄（*Solanum rostratum* Dunal.）[J]. 内蒙古师范大学学报（自然科学汉文版），40（3）：288-290

林玉，谭敦炎. 2007. 一种潜在的外来入侵植物：黄花刺茄 [J]. 植物分类学报，45（5）：675-685

曲波，张延菊. 2009. 刺萼龙葵与龙葵种子的形态比较 [J]. 种子，28（9）：71-73

王彩凤，洪源，孙亮. 2010. 关于白城发生的刺萼龙葵的生物学特性和防治方法分析 [J]. 吉林农业，249：83

王维升，郑红旗，朱殿敏，等. 2005. 有害杂草刺萼龙葵的调查 [J]. 植物检疫，19（4）：247-248

张延菊，曲波，董淑萍，等. 2009. 警惕外来入侵植物——刺萼龙葵在辽宁省进一步蔓延 [J]. 辽宁林业科技，(6)：22-24

周明冬，刘淑华，符桂华，等. 2009. 有害入侵生物刺萼龙葵在新疆的分布、危害与防治 [J]. 新疆农业科技，(1)：56

61 毛龙葵 *Solanum sarrachoides* Sendt.

【异名】*Solanum physalifolium* Rusby，*Solanum physalifolium* var. *nitidibaccatum* （Bitter）Edmonds，*Solanum villosum* Miller

【英文名】hairy nightshade，green nightshade，ground-cherry nightshade

【形态特征】茄科（Solanaceae）一年生草本。茎斜升，高 10～50 cm，被长柔毛，带黏性。叶互生；叶柄短于叶片；叶片卵形，长 2.5～7 cm，宽 1～4 cm，边缘具深波状齿，两面被短柔毛或腺状长柔毛。花两性；花萼长 2～2.5 cm，萼片卵状三角形，果期增大，部分包着浆果；花冠白色，裂片狭三角形；雄蕊 5，等大，孔裂；单雌蕊。浆果球形，直径 6～7 mm，黄色或淡黄褐色。种子淡黄色，表面微具同心圆的方格状网纹，长 2～2.5 mm。

【识别要点】全株被绒毛。萼片三角形，幼时被毛，成熟后少毛。果实近黄色。

【生长习性】适应性较强，喜湿，生于河滩、荒地、沟渠附近。花期 7～8 月，果期 9 月，生育期约 100 d。

【危害】重要的危险性植物，在我国属检

疫性杂草。通常出现在棉花、向日葵和甜菜等需要灌溉的农田，与农作物竞争水分和营养，影响作物生长和产量；有时也会出现在花园。

【防治方法】严格检疫，严禁随意调运混有毛龙葵种子的粮食作物种子。在出苗盛期和结实前锄草，开花前人工铲除并将其烧毁或深埋。一般阔叶类除草剂均能防除。

【用途】浆果中的生物碱含量较高，但药理作用不详，可开发利用。

【原产地】美国南部。

【首次发现时间与引入途径】我国于1981年在辽宁朝阳首次发现，随其他粮食作物带入。

【传播方式】种子混杂在其他作物种子中随调运传播；果实被鸟类等动物取食后排出种子而传播。

【分布区域】在东北主要分布于辽宁朝阳。我国北方大部分地区为其适生区。

参 考 文 献

李书心. 1992. 辽宁植物志［M］. 沈阳：辽宁科技出版社

Bassett IJ，Munro DB. 1985. The biology of Canadian weeds. 67. *Solanum ptycanthum* Dun.，*S. nigrum* L. and *S. sarrachoides* Sendt［J］. Canadian Journal of Plant Science，65：401-414

Edmonds JM. 1986. Biosystematics of *Solanum sarrachoides* Sendtner and *S. physalifolium* Rusby（*S. nitidibaccatum* Bitter）［J］. Botanical Journal of the Linnean Society，92（1）：1-38

Hutchinson PJS，Beutler BR，Farr J. 2011. Hairy nightshade（*Solanum sarrachoides*）competition with two potato varieties［J］. Weed Science，59（1）：37-42

Monte JPD，Sobrino E. 1993. *Solanum sarrachoides* and *Physalis philadelphica*（Solanaceae）in Spain-two largely neglected weeds［J］. Willdenowia，23：91-96

Schilling EE. 1981. Systematics of *Solanum* sect. *Solanum*（Solanaceae）in North America［J］. Systematic Botany，6（2）：172-185

Symon DE. 1981. A revision of the genus *Solanum* in Australia［J］. Journal of the Adelaide Botanic Gardens，4：1-367

62 曼陀罗 *Datura stramonium* L.

【异名】*Datura tatula* L.，*Datura inermis* Jacq.，*Datura microcarpa* Godr.，*Datura parviflora* Salisb.

【英文名】thorn apple，jimsonweed

【中文别名】风茄花、狗核桃、万桃花、洋金花、野麻子、醉心花、闹羊花

【形态特征】茄科（Solanaceae）一年生草本。茎直立，高30～100 cm，单一，上部呈二歧状分枝，下部木质化。单叶互生；叶柄长3～5 cm；叶片卵形或广椭圆形，长8～16 cm，宽4～12 cm，基部呈不对称楔形，先端渐尖，边缘具不规则波浪状浅裂。花两性，单生于枝杈间或叶腋，直立，有短梗；花萼筒状，筒部有5棱，基部稍膨大，顶端5浅裂；漏斗状花冠，下部带绿色，上部白色或淡紫色，5浅裂；雄蕊5，全部发育，插生于花冠筒，不伸出花冠，花药4室，纵裂；心皮2，2室，中轴胎座，子房卵形，不完全4室，上位。蒴果直立生，卵状，表面生有坚硬针刺或有时无刺而近平滑，成熟后淡黄色，规则4瓣裂，内含黑色卵圆形种子。种子卵圆形或肾形，稍扁，长约3 mm，黑色，表面密被网纹。

【识别要点】漏斗状花冠白色或淡紫

色。蒴果卵形，直立生，具坚硬针刺或有时无刺，果实4瓣裂。种脐内凹，残存白色珠柄，种子表面内凹，具粗网纹。

【生长习性】适应性极强，喜温暖、喜干旱，耐湿、耐贫瘠，生于荒地、旱地、宅旁、向阳山坡、林缘、草地；海拔600～1600 m均可生长。种子有休眠现象，生长期内发芽率低，出苗不整齐。花期6～10月，果期7～11月。

【危害】入侵林缘、路旁和草地，是旱地、果园和苗圃杂草，主要危害棉花、豆类、薯类和蔬菜等农作物；全株有毒，人误食容易引起中毒。曼陀罗是我国进境植物检疫潜在危险性细菌烟草野火病菌（*Pseudomonas syringae* pv. *tabaci*）和辣椒斑点病菌（*Xanthomonas vesicatoria*）以及危险性病毒番茄斑萎病毒（tomato spotted wilt virus, TSWV）的寄主之一。

【防治方法】严格检疫。

【用途】兼具药用价值和园林观赏价值。全株富含生物碱，具有镇痉、镇静、镇痛、麻醉的功能，还可以治疗多种疾病，具有抑菌、杀虫、杀鼠、除草等作用。

【原产地】墨西哥。

【首次发现时间与引入途径】明朝末期作为药用植物引入我国。

【传播方式】主要依靠果实开裂时的弹射力量传播种子；生于河岸则靠水流传播。

【分布区域】在东北主要分布于辽宁沈阳、大连、丹东、抚顺、葫芦岛、阜新、朝阳、本溪和鞍山，黑龙江哈尔滨、齐齐哈尔、佳木斯和牡丹江。广泛分布于全国各地。各省（自治区、直辖市）均为其适生区。

幼苗

植株

果实

花

参 考 文 献

丹阳，唐赛春. 2012. 广西茄科药用植物资源调查［J］. 广州中医药大学学报，29（1）：75-81

桂明珠. 1987. 几种茄科作物花药结构与开裂方式的初步研究［J］. 东北农学院学报，18（3）：233-244

李岩. 2011. 曼陀罗的引种驯化与园林应用研究［J］. 黑龙江农业科学，（9）：75-76

李振宇，解焱. 2002. 中国外来入侵种［M］. 北京：中国林业出版社

史雷，慕小倩. 2010. 曼陀罗种子破眠方法研究［J］. 种子，29（9）：40-43

王居仓，赵云青，慕小倩，等. 2011. 曼陀罗种质资源研究进展［J］. 陕西农业科学，（1）：82-88

63 毛曼陀罗 *Datura innoxia* Mill.

【异名】*Datura guayaquilensis* Kunth，*Brugmansia meteloides* DC. ex Dunal

【英文名】prickly burr

【中文别名】北洋金花、软刺曼陀罗、毛花曼陀罗、凤茄花、串筋花

【形态特征】茄科（Solanaceae）一年生直立草本或半灌木。茎直立，粗壮，高1～2 m，下部灰白色，分枝灰绿色或微带紫色。叶互生或近对生；叶柄长3～6 cm；叶片广卵形，长10～18 cm，宽4～15 cm，顶端急尖，基部不对称近圆形。花两性，单生，直立或斜升；花萼圆筒状，5裂，裂片狭三角形，花后宿存部分随果实增大而呈五角星形；花冠长漏斗状，花开放后呈喇叭状，下半部淡绿色，上部白色；雄蕊5，花丝长约5.5 cm，花药长1～1.5 cm；子房密生白色柔针毛，花柱长13～17 cm。蒴果俯垂，近球状或卵球状，直径3～4 cm，密生细针刺，全果亦密生白色柔毛，成熟后淡褐色，近顶端不规则开裂。种子扁肾形，褐色，长约5 mm，宽3 mm。

【识别要点】花萼圆筒状而不具棱角，先端5浅裂，花后自近基部断裂，宿存部分随果实而增大并向外反折。蒴果生于下垂的果梗上，近圆形，密生柔韧针状刺并密被短柔毛，熟时先端不规则裂开。种子多数，肾

形，淡褐色或黄褐色。

【生长习性】喜温暖湿润气候，常生于村边、路旁；海拔500～600 m均可生长。种子于气温5℃左右开始发芽，气温低于2℃时死亡。花果期6～9月，生育期约90 d。

【危害】一般性杂草。

【防治方法】在苗期连根拔除；可用常用阔叶类除草剂防治。

【用途】入药具有镇痉、镇痛、镇静、麻醉的功能。花燃烧后生成的烟具有较强的平喘作用；叶提取液具有杀虫活性，可用作生物农药。

【原产地】印度。

【首次发现时间与引入途径】我国于1905年在北京采集到标本，作为药用植物引入。辽宁于1925年在大连采集到标本；

花

黑龙江于 1950 年在哈尔滨采集到标本。

【传播方式】主要依靠果实开裂时的弹射力量传播种子，种子一般不会传播太远。

【分布区域】在东北主要分布于辽宁沈阳、朝阳、锦州、铁岭、大连、本溪和鞍山，黑龙江哈尔滨。河南、湖南、湖北、江苏、新疆、浙江、广西和陕西等地均有分布。全国大部分地区均为其适生区。

参 考 文 献

牛树君，胡冠芳，刘敏艳，等. 2008. 毛曼陀罗对粘虫和蚜虫的杀虫活性研究［J］. 甘肃农业科技，（9）：3-6

64 洋金花 *Datura metel* L.

【异名】*Datura fastuosa* L.，*Datura alba* Nees.，*Datura fastuosa* var. *alba* C. B. Clarke.

【英文名】upright datura flower，hindu datura

【中文别名】白曼陀罗、白花曼陀罗、南洋金花、风茄花、喇叭花、闹羊花、枫茄子、枫茄花

【形态特征】茄科（Solanaceae）一年生直立草本或半灌木。茎基部稍木质化，高 0.2~1.5 m。叶互生或茎上部近对生；叶柄长 2~5 cm；叶片卵形或广卵形，顶端渐尖，基部不对称圆形、截形或楔形，长 5~20 cm，宽 4~15 cm。花两性，单生；花萼筒状，长 4~9 cm，直径 2 cm，裂片狭三角形或披针形，果时宿存部分增大呈浅盘状；花冠长漏斗状，长 14~20 cm，檐部直径 6~10 cm，白色，5 裂；雄蕊 5，花丝长约 1.2 cm；子房疏生短刺毛，花柱长 11~16 cm。蒴果近球形或扁球形，疏生粗短刺，直径约 3 cm，不规则 4 瓣裂，种子多数。种子褐色，直径约 3 mm。

【识别要点】长漏斗状花冠白色。萼筒基部宿存，果时增大呈盘状，边缘不反折。蒴果不规则瓣裂。种子淡褐色。

【生长习性】常生于向阳的山坡草地或住宅旁；海拔 1200~2100 m 均可生长。种子寿命 3~4 年，在气温 15℃以上才能发芽。植株在秋冬气温下降至零下或遇秋霜冻时即死亡。洋金花对土壤要求不严格，微酸至微碱性土壤均可生长。花期 5~11 月，果期 8~11 月，生育期约 180 d。

【危害】一般性杂草，同曼陀罗。

【防治方法】出苗盛期和结实前锄草，开花前人工铲除并将其烧毁或深埋。幼苗期喷施除草剂。洋金花病害主要有叶斑病和病毒病，虫害主要是蚜虫，可利用病虫害进行生物防治。

【用途】叶、花含莨菪碱和东莨菪碱；花为中药的"洋金花"，做麻醉剂。

【原产地】印度。

【首次发现时间与引入途径】古代已有，《本草纲目》中即有记载，作为药用植物引入。我国于 1907 年在福建采集到标本。辽宁于 1981 年在沈阳采集到标本。

【传播方式】主要依靠果实开裂时的弹射力传播种子，种子一般不会传播太远。

【分布区域】在东北主要分布于辽宁沈阳和朝阳，吉林通化和白山。河北、新疆、山西、甘肃、青海、河南、安徽、江苏、福建、四川、云南、西藏等地均有分布。我国大部分地区为其适生区。

植株（刘冰摄）

参 考 文 献

苏建文，范学均，黄丽梅，等. 2008. 洋金花的栽培利用与开发研究［J］. 中药材，（11）：56-57

徐海根，强胜. 2004. 中国外来入侵物种编目［M］. 北京：中国环境科学出版社

张金星，祁青. 2010. 洋金花的镇痛作用及临床应用研究［J］. 湖北中医杂志，32（2）：29-31

65　毛酸浆 *Physalis pubescens* L.

【异名】*Physalis barbadensis* Jacq.，*Physalis neesiana* Sendtn.，*Physalis cavaleriei* H. Lév.

【英文名】husk tomato，downy ground-cherry

【中文别名】洋姑娘、黄姑娘、地樱桃

【形态特征】茄科（Solanaceae）一年生草本。茎高 30～60 cm，多分枝，铺散状，密被毛。叶互生；叶柄长 3～7 cm，密生短柔毛；叶片广卵形或卵状心形，薄纸状，长 3～9 cm，宽 2～7 cm，基部歪斜心形，先端钝尖，边缘有不等大尖齿，两面密被短柔毛，背面脉上密被长毛。花两性，单生于叶腋；花萼钟状，密生柔毛，5 中裂，裂片披针形；花冠钟状，黄色或淡黄色，5 浅裂，喉部具紫色斑纹；雄蕊 5，短于花冠，淡紫色。浆果球形，直径约 1.2 cm，黄色或绿黄色，被膨大的宿萼包被，内含多数种子。宿萼卵状，先端萼齿闭合，基部稍凹陷，表面具 5 棱角与 10 纵肋。种子近圆盘状，扁平，直径 1.5～2 cm，黄色，表面网状，网孔不规则。

【识别要点】全株密被柔毛。花冠黄色，喉部具紫色斑纹；花药淡紫色；宿萼于果期呈草绿色。浆果黄色或有时带紫色。

【生长习性】喜湿润土壤，多生于山坡林下或田边路旁。花期 5～8 月，果期

8～10 月，生育期约 150 d。

【危害】一般性杂草。

【防治方法】在出苗盛期和结实前锄草，开花前人工铲除并将其烧毁或深埋。化学防治可使用除草剂 2, 4-D、百草敌、苯达松和二甲四氯；可用白粉病病原菌进行生物防治。

【用途】果、根或全草入药，可清热解毒、消肿利尿，主治咽喉肿痛、腮腺炎和急慢性气管炎等；外用治脓疱疮。果实香甜可食。

【原产地】美国南部、墨西哥和南美洲的中部地区。

【首次发现时间】我国古代已有。辽宁于 1959 年在清原采集到标本；吉林于 1926 年在梅河口采集到标本；黑龙江于 1951 年在宁安采集到标本。

【传播方式】浆果可食用，靠动物取食或贸易运输进行传播。

【分布区域】在东北主要分布于辽宁沈阳、鞍山、铁岭、抚顺、辽阳、大连和丹东，吉林通化和延边，黑龙江牡丹江、鹤岗和伊春。江苏、浙江、陕西、广东、江西、云南、福建、内蒙古、广西、贵州、湖北、四川和新疆等地均有分布。全国各地均为其适生区。

植株

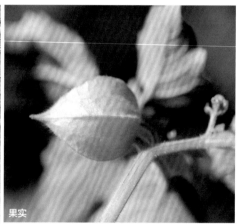
果实

参 考 文 献

徐海根，强胜. 2004. 中国外来入侵物种编目 [M]. 北京：中国环境科学出版社

郑敬彤，时景伟，王放. 2010. 毛酸浆果提取物的抑菌活性研究 [J]. 中国实验诊断学，(6)：796-797

66 苦蘵 *Physalis angulata* L.

【异名】*Physalis esquirolii* H. Lév. et Vaniot

【英文名】cutleaf groundcherry

【中文别名】灯笼泡、天泡子、黄姑娘、小酸浆、朴朴草

【形态特征】茄科（Solanaceae）一年生草本。茎上部直立，下部横卧，高 30～60 cm，多分枝，纤细，有棱，节稍膨大。叶柄长 1～3 cm，叶片卵形至卵状椭圆形，长 3～6 cm，宽 2～4 cm，基部广楔形或楔形，先端渐尖或锐尖，全缘或有不等大的牙齿，两面近无毛。花两性，单生于叶腋；花萼钟状，疏被短柔毛，5 中裂，裂片三角状卵形，具缘毛；裂片披针形花冠，淡黄色，5 浅裂，

裂片广三角形，具缘毛，喉部常带紫色斑纹；雄蕊 5，花药蓝紫色或有时黄色，常弯曲；子房椭圆形，花柱稍超出花药，柱头 2 浅裂。浆果球形，淡绿色，直径约 1.2 cm，包藏于宿萼内，果萼卵球形，橘红色或红黄色。种子圆盘状，长约 2 mm。

【识别要点】茎有分枝，具细柔毛或近光滑。叶互生，黄绿色，先端渐尖，基部偏斜，全缘或有疏锯齿。果实球形，外包淡绿黄色膨大的宿萼。

【生长习性】生于村庄耕地旁或家院栽植；海拔 500～1500 m 均可生长。花期 7～9 月，果期 8～10 月，生育期约 120 d。

【危害】一般性杂草。

【防治方法】严格检疫，严禁随意调运果实及种子。出苗盛期和结实前锄草，开花前人工铲除并将其烧毁或深埋。

【用途】全草可药用，具有清热、利尿、解毒、消肿的功效。

【原产地】热带美洲。

【首次发现时间与引入途径】古代已传入，《本草纲目》中已有记载，作为药用植物有意引入。我国于 1910 年在浙江采集到标本。辽宁于 1959 年在新金（现为普兰店）采集到标本；吉林于 1954 年在双辽采集到标本。

【传播方式】浆果可食用，靠动物取食或贸易运输进行传播。

【分布区域】在东北主要分布于辽宁铁岭和大连，吉林双辽。安徽、福建、广东、广西、海南、河南、湖北、湖南、江苏、江西、台湾、浙江、四川、陕西、云南、河北和内蒙古等地均有分布。全国各地均为其适生区。

植株

果实

参 考 文 献

孟昭坤，程瑛琨，吴宇杰，等. 2007. 苦蘵多糖的提取及体外抗氧化活性的研究［J］. 时珍国医国药，18（11）：2641-2642

67 **假酸浆 *Nicandra physalodes*（L.）Gaertn.**

【异名】*Atropa physaloides* L.

【英文名】apple of Peru

【中文别名】冰粉、水晶凉粉、蓝花天仙子、鞭打绣球

【形态特征】茄科（Solanaceae）一年生草本。根纤维状。茎直立，高 40～100 cm，有棱沟，无毛，上部二歧分枝。叶互生；叶柄长为叶片的 1/4～1/3；叶片卵形或椭圆形，草质，长 4～12 cm，宽 2～6 cm，基部楔形，先端急尖或短渐尖，边缘具不规则圆

缺粗齿或浅裂，表面幼时有稀疏短柔毛。花两性，单生于枝腋，与叶对生；花萼5深裂，裂片先端尖锐，基部心脏状箭形，具2尖锐耳片，果期极度增大，5棱状；花冠钟状，浅蓝色，直径2～4 cm，檐部有折襞，5浅裂；雄蕊5，不伸出花冠，插生在花冠筒近基部，花丝丝状，基部扩张，花药椭圆形，纵缝开裂；花柱略粗，柱头头状，3～5浅裂，子房3～5室。浆果球状，直径1.5～2 cm，黄色。种子淡褐色，直径约1 mm，形状扁压，肾状圆盘形，具多数小凹穴。

【识别要点】花萼5深裂，裂片先端尖锐，基部心脏状箭形，具2尖锐耳片，果期极度增大，5棱状；钟状花冠浅蓝色。种子扁压，肾状圆盘形，具小凹穴。

【生长习性】抗逆性强，喜光，耐旱、耐贫瘠，生于田边、荒地和屋院周围；海拔400～4000 m均可生长。花果期7～9月，生育期约100 d。

【危害】一般性杂草，是我国进境植物检疫潜在危险性细菌辣椒斑点病菌和危险性病毒番茄斑萎病毒的寄主之一。

【防治方法】在出苗盛期和结实前锄草，开花前人工铲除。在幼苗期和开花前可用除草剂进行化学防除。

【用途】全草入药，有镇静、祛痰、清热解毒、止咳、消炎和祛风等功能。种子含有果胶质、多种维生素和微量元素等，可提取加工制成凉粉和果冻。

【原产地】秘鲁。

【首次发现时间与引入途径】古代已传入我国，有意引入。辽宁于1959年在庄河采集到标本；黑龙江阿城于1990年人为引种。

【传播方式】浆果可食用，靠动物取食或贸易运输进行传播。

【分布区域】在东北主要分布于辽宁沈阳、大连、丹东、朝阳、辽阳和鞍山，吉林长春、通化和延边，黑龙江大兴安岭和阿城。四川、湖北、江苏、江西、云南、广西、贵州、山东、湖南、陕西和新疆等地均有分布。我国大部分地区为其适生区。

植株

果实

参 考 文 献

刘灵芝. 2000. 假酸浆的栽培技术 [J]. 中国野生植物资源，19（1）：51-52

二十三、列 当 科

68 向日葵列当 *Orobanche cumana* **Wallr.**

【异名】*Orobanche bicolor* C. A. Mey

【英文名】sunflower broomrape

【中文别名】欧亚列当、葵花毒根草、独根草、兔子拐棍、高加索列当、直立列当、二色列当

【形态特征】列当科（Orobanchaceae）一年生全寄生草本。没有真正的根，靠盘状吸器（假根）侵入向日葵等植物根系。茎直立，高 20～50 cm，少分枝，肉质，黄褐色至褐色，无叶绿素。叶退化为鳞片状、螺旋状排列在茎上。花两性，排列成密穗花序；苞片狭长，披针形；花萼 5 裂；唇形花冠，蓝紫色，上唇 2 裂，下唇 3 裂；雄蕊 4，冠生，2 长 2 短，长者位于短者之间，花丝白色，枯死后黄褐色，花药 2 室，下尖，黄色，纵裂；单雌蕊，柱头膨大呈头状，柱头 2～3 裂，花柱下弯，子房上位，4～8 心皮合生为 1 室。蒴果 2 纵裂，内含大量深褐色粉末状种子。种子形态不规则，坚硬，表面有纵横网纹，大小（0.25～0.5）mm×（0.3～0.7）mm。

【识别要点】根寄生植物。茎不分枝，被浅黄色腺毛。叶微小，无柄，无叶绿素。紧密穗状花序；花有 1 小苞片；花萼 2 深裂，每裂片顶端 2 裂；唇形花冠蓝紫色。蒴果卵形或梨形，纵裂。种子不规则形，种脐黄，具网纹。

【生长习性】寄生于菊科、茄科和葫芦科植物根部，海拔 500～3000 m 均可生长。单株产种子可达 10 万粒，种子有后熟现象，寿命长，可达 5～7 年，或更长，且生长期内发芽不整齐，萌发时需碱性条件。花期 5～7 月，果期 8～9 月，生育期 30～40 d。

【危害】被列入《中华人民共和国进境植物检疫性有害生物名录》。向日葵列当寄生后导致寄主植物水分和养料供应不足，且对各种病虫害的抗性减弱，生理代谢紊乱，抗逆性下降，生长受到严重影响，致其生长缓慢、矮化、黄化、萎蔫或枯死，是向日葵种植区重要的寄生杂草，对茄科和葫芦科植物也有一定危害，轻则减产、品质下降，严重发生时可使作物绝产。

【防治方法】严格检疫，禁止从发生向日葵列当的区域调运种子。因地制宜，选种抗向日葵列当品种；种植诱发植物或用天然萌发刺激物促进土壤中向日葵列当种子"自杀式萌发"，从而快速降低其种子的密度；在本种为害的地区，向日葵可与禾本科植物、甜菜、大豆等实行 5～6 年以上的轮作，为害严重的地区实行 8～10 年的轮作制度；可用聚乙烯塑料菌膜覆盖向日葵列当发生严重的田块暴晒 30～40 d，其种子能减少 90%；适当增施钾肥或磷肥，提高作物

对其侵染的抗性。针对其从出土到开花只有10～15 d时间，可在结实前拔除田间向日葵列当植株，集中烧毁。化学防治用0.5%硼酸进行茎叶喷施，防治效果达95%以上；草甘膦、利谷隆、2,4-D丁酯和氟乐灵等除草剂在向日葵列当出苗前或出苗后喷施，防除效果较好（向日葵的花盘直径普遍超10 cm时，才能进行田间喷药，防止发生药害；向日葵和豆类间作地不能施药）。可用列当镰孢菌（*Fusarium orobanches*）和欧氏杆菌（*Erwinia* sp.）等列当病原菌等进行生物防治。

【原产地】中亚至欧洲东南部。

【首次发现时间与引入途径】我国于1979年在吉林松原长岭县首次发现，随进口种子传入。辽宁于1982年在阜新首次发现；黑龙江于1982年在绥化肇东首次发现。

【传播方式】种子极小，似粉尘，易黏附在其他植物果实、种子或根茎上传播；也能借风力、水流、人畜及农具传播；还能随寄主种子调运而远距离传播。

【分布区域】在东北主要分布于辽宁沈阳、鞍山、阜新、朝阳和铁岭，吉林四平、松原和白城，黑龙江绥化。河北、北京、新疆、山西、内蒙古、甘肃、陕西和青海等地均有分布。我国北方均为其适生区。

参 考 文 献

孔令晓，王连生，赵聚莹，等. 2006. 烟草及向日葵上列当 *Orobanche cumana* 的发生及其生物防治［J］. 植物病理学报，36（5）：466-469

刘宝刚. 1982. 向日葵列当［J］. 植物检疫，（4）：53-55

马永清，董淑琦，任祥祥，等. 2012. 列当杂草及其防除措施展望［J］. 中国生物防治学报，28（2）：133-138

吴海荣，强胜. 2006. 检疫杂草列当（*Orobanche* L.）［J］. 杂草科学，（2）：58-60

郑惠超. 2009. 列当科药用植物生物活性的研究进展［J］. 内蒙古医学杂志，41（2）：207-210

周宗璜，张志澄，李玉. 1980. 吉林发现向日葵列当初报［J］. 吉林农业大学学报，（2）：20

Ma YQ，Jia JN，An Y，et al. 2012. Potential of some hybrid maize lines to induce germination of sunflower broomrape［J］. Crop Science，53（1）：260-270

69 分枝列当 *Orobanche aegyptiaca* Pers.

【异名】*Orobanche ramosa* L.，*Phelipaea indica*（Buch.-Ham. ex Roxburgh）G. Don，*Orobanche indica* Buch.-Ham. ex Roxb.

【英文名】branched broomrape，hemp broomrape

【中文别名】瓜列当、大麻列当、亚麻列当、多枝列当

【形态特征】列当科（Orobanchaceae）一年生或多年生全寄生草本。无真正的根，靠粗短肉质盘状吸器侵入寄主植物根系。茎肉质，多自基部分枝，常3～5个，主枝直立且粗壮，高10～30 cm，旁枝短而细弱，斜上。叶稀疏，鳞片状，多位于植株基部，叶片黄色，干后黑褐色或紫色，稍成卵状披针形，长3～10 mm。花两性，顶生成长穗状花序，长2～25 cm，带腺毛；苞片6～10 mm，披针状卵形；小苞片长披针状，与花萼等长；花萼钟状，蓝紫色，6～8 mm；花冠10～22 mm，

有深色条纹，上唇 2 裂，下唇 3 裂，带腺毛，腺毛直立，基部膨胀；花丝伸入花冠基部以上 3～6 mm；花柱白色，2 裂，奶油色或淡蓝色。蒴果长 6～10 mm，2 裂，内含大量粉末状种子。种子微小，长 0.2～0.5 mm，卵形或椭圆形，边缘锐利，具粗网纹，黄褐色、褐色或黑色，有凹痕。

【识别要点】株高 10～30 cm，茎基部多分枝。叶小，黄色。长穗状花序，小花稀疏排列，花有 2 个小苞片，花药有毛，花萼钟形，4 浅裂。蒴果卵状椭圆形。种脐黄，种子表面有光泽。

【生长习性】喜生于通透性好、低氮、排水性好的农田、草地、路旁和原生植被上，主要寄生大麻科、茄科和葫芦科植物根部；海拔 140～1400 m 均可生长。种子萌发温度为 18～23℃，并需寄主释放特定化学物质刺激。分枝列当生命力强，土壤中种子寿命超过 13 年。花期 5～7 月，果期 8～9 月，生育期约 90 d。

【危害】被列入《中华人民共和国进境植物检疫性有害生物名录》，能寄生于 60 多种双子叶植物根部，致寄主植物生长缓慢、矮化、黄化、萎蔫或枯死，抗逆性下降，轻则减产、品质下降，严重发生时可使作物绝产。

【防治方法】严格执行检疫制度，严禁在疫区制种及调运种子，特别要对疫区进口的相关植物及其产品加强检疫。作物周围不要种植寄主植物（阔叶树类），不能用感染分枝列当的作物当绿肥；对于分枝列当危害过的农田，采取轮作，种植非寄主作物，以抑制其发生危害，并且根据其萌发及危害必须受到寄主植物释放的特定化学物质刺激这一特性，可采取诱发与轮作相结合的办法，有效地防治分枝列当；高温下覆盖地膜 58～61 d，使地表温度升高，杀死分枝列当种子，或在种植作物前，先用甲基溴对土壤进行熏蒸处理。在分枝列当开花结籽前，将花葶拔除，需反复多次。化学防治用 0.5% 硼酸进行茎叶喷施，防治效果达 95% 以上；草甘膦、利谷隆、2,4-D 丁酯和氟乐灵等除草剂在出苗前或出苗后喷施，可获得较好的防除效果。可用镰孢菌、镰刀菌和欧氏杆菌等列当病原菌等进行生物防治。

【原产地】欧洲南部和中部。

【首次发现时间与引入途径】我国于 1925 年在黑龙江密山首次发现，随进口种子引入。辽宁于 1951 年在阜新彰武首次发现；吉林于 1959 年在通榆首次发现。

【传播方式】种子极小，易黏附在作物籽粒上，随作物调运而远距离传播；也可借助气流、水流、土壤或随人、畜及农机具传播到其他地方。

【分布区域】在东北主要分布于辽宁大连、阜新、朝阳、鞍山、沈阳和抚顺等，吉林白城、松原和延边等，黑龙江鸡西、伊春、黑河和大庆等。新疆、甘肃、四川、云南均有分布。我国东北、西北和西南地区均为其适生区。

参 考 文 献

郭琼霞，虞赟，沈建国，等. 2006. 检疫有害植物多枝列当［J］. 武夷科学，22（1）：185-189

刘宝刚. 1982. 向日葵列当［J］. 植物检疫，（4）：53-55

吴海荣，强胜. 2006. 检疫杂草列当（Orobanche L.）［J］. 杂草科学，（2）：58-60

郑惠超. 2009. 列当科药用植物生物活性的研究进展［J］. 内蒙古医学杂志，41（2）：207-210

70 列当 *Orobanche coerulescens* Steph.

【异名】*Orobanche ammophila* C. A. Meyer，*Orobanche bodinieri* H. Lév.，*Orobanche canescens* Bunge，*Orobanche coerulescens* var. *albiflora* Kuntze，*Orobanche coerulescens* f. *korshinskyi*（Novopokrovsky）Ma，*Orobanche coerulescens* f. *pekinensis* Beck，*Orobanche korshinskyi* Novopokrovsky，*Orobanche mairei* H. Lév.，*Orobanche japonensis* Makino，*Orobanche nipponica* Makino，*Orobanche pycnostachya* Hance var. *yunnanensis* Beck.

【英文名】yellow broomrape

【中文别名】兔子拐棍、裂马嘴、紫花列当、独根草、草苁蓉、地黄元、鬼见愁

【形态特征】列当科（Orobanchaceae）二年生或多年生全寄生草本。无真正的根，靠盘状吸器侵入寄主植物根系。茎直立，不分枝，高15～40 cm，具明显条纹，基部常稍膨大，全株密被白色蛛丝状长绵毛。叶鳞片状，卵状披针形，干后黄褐色，生于茎下部的较密集，上部的渐变稀疏。花两性，多数花排列成穗状花序，长10～20 cm，顶端钝圆或呈锥状，苞片与叶同形并近等大，先端尾状渐尖花萼2深裂近基部，每裂片中部以上再2浅裂；花冠深蓝色、蓝紫色或淡紫色，筒部在花丝着生处稍上方缢缩，口部稍扩大，上唇2浅裂，极少顶端微凹，下唇3裂，裂片近圆形或长圆形，中间的较大，顶端钝圆，边缘具不规则小圆齿；雄蕊4，花丝着生于筒中部，长1～1.2 cm，基部略增粗，常被长柔毛，花药卵形，长约2 mm，无毛；雌蕊长1.5～1.7 cm，子房椭圆体状或圆柱状，花柱与花丝近等长，常无毛，柱头常2浅裂。蒴果卵状长圆形或圆柱形，干后深褐色，长约1 cm，直径0.4 cm。种子多数，干后黑褐色，不规则椭圆形或长卵形，

长约0.3 mm，直径0.15 mm，表面具网状纹饰，网眼底部具蜂巢状凹点。

【识别要点】茎直立不分枝，具明显条纹，密被白色蛛丝状长绵毛。叶卵状披针形，黄褐色。穗状花序紧密；花小无苞片，花丝有毛；花萼2深裂至基部，每裂片顶端2浅裂。蒴果卵状椭圆形。种子干后黑褐色，网眼底部具蜂巢状凹点。

【生长习性】生于沙丘、山坡、沟边草地，常寄生于菊科蒿属（*Artemisia* L.）植物的根部，也能寄生于向日葵根部；海拔900～4000 m均可生长。种子有后熟作用，寿命长，可达12年以上，生长期内发芽不整齐，萌发时需碱性条件。花期4～7月，果期7～9月，生育期30～40 d。

【危害】被列入《中华人民共和国进境植物检疫性有害生物名录》。列当寄生在向日葵根部，致寄主植物生长缓慢、矮化、黄化、萎蔫或枯死，抗性逆性下降，轻则减产、品质下降，严重发生时可使作物绝产。

【防治方法】严格执行检疫制度。用聚乙烯塑料菌膜覆盖列当发生严重的田块，暴晒30～40 d，列当种子可减少90%；化学防治用0.5%硼酸进行茎叶喷施，防治效果达95%以上；草甘膦、利谷隆、2，4-D丁酯和氟乐灵等除草剂在列当出苗前或出苗后喷施，可获得较好的防除效果。可用列当镰孢菌和欧氏杆菌等列当病原菌进行生物防治；还可用萌发刺激物或"诱杀"植物诱导列当种子"自杀式萌发"。

【用途】全草药用，有补肾壮阳、强筋骨、润肠之效，主治阳痿、腰酸腿软、神经官能症及小儿腹泻等。外用可消肿。

【原产地】欧洲南部和中部。

【首次发现时间与引入途径】我国于

1921年在黑龙江密山首次采集到标本，随进口种子引入。辽宁于1951年在阜新彰武首次采集到标本；吉林于1959年在通榆采集到标本。

【传播方式】同向日葵列当。

【分布区域】在东北主要分布于辽宁沈阳、大连、鞍山、抚顺、阜新和朝阳，吉林白城、松原和安图，黑龙江大庆、鸡西、伊春、黑河和绥芬河。内蒙古、宁夏、青海、陕西、山东、山西、四川、新疆、西藏和云南等地均有分布。我国东北、西北和华北地区均为其适生区。

群落

幼株（刘冰摄）　花序　果实（刘冰摄）

参 考 文 献

吴海荣，强胜. 2006. 检疫杂草列当（*Orobanche* L.）[J]. 杂草科学，（2）：58-60

郑惠超. 2009. 列当科药用植物生物活性的研究进展[J]. 内蒙古医学杂志，41（2）：207-210

周广亮，徐洁，徐贵升. 2003. 绥芬河辖区发现检疫性杂草——列当[J]. 植物检疫，17（2）：94

71 欧亚列当 *Orobanche cernua* Loefling

【异名】*Orobanche bicolor* C. A. Meyer, *Orobanche camptolepis* Boiss. et Reut., *Orobanche cernua* var. *cumana*（Wally.）G. Beck, *Orobanche cernua* var. *latebracteata* f. *camptolepis*（Boiss. et Reut.）G. Beck, *Cistanche feddeana* Hao

【英文名】curve-corolla tube broomrape

【中文别名】西藏列当

【形态特征】列当科（Orobanchaceae）一年生、二年生或多年生全寄生草本。无真正的根，靠多分枝盘状吸器侵入寄主植物根系。茎大多不分枝，黄褐色，圆柱状，高15～35 cm，密被腺毛。叶三角状卵形或卵状披针形，长1～1.5 cm，宽5～7 mm，密被腺毛。花两性，5～20花排列成穗状花序；苞片卵形或卵状披针形，长1～1.5 cm，宽5～6 mm，被腺毛；花萼钟状，长1～1.2 cm，2深裂至基部，或前面分裂至基部，而后面仅分裂至中部以下或近基部，裂片顶端常2浅裂，极少全缘，小裂片线形，常是后面2枚较长，前面2枚较短，先端尾尖；花冠长1～2.2 cm，在花丝着生处（特别是在花期后）明显膨大，向上缢缩，口部稍膨大，筒部淡黄色，在缢缩处稍扭转地向下膝状弯曲，上唇2浅裂，下唇稍短于上唇，3裂，裂片淡紫色或淡蓝色，近圆形，边缘呈不规则的浅波状或具小圆齿；雄蕊4，花丝着生于距筒基部5～7 mm处，长6～8 mm，无毛，基部稍增粗，花药卵形，长1～1.2 mm，常无毛；子房卵状长圆形，无毛，柱头2浅裂，4～8心皮合生为1室。蒴果长圆形或长圆状椭圆形，长1～1.2 cm，直径5～7 mm，干后深褐色。种子长椭圆形，长0.4～0.5 mm，直径0.18 mm，表面具网状纹饰，网眼底部具蜂巢状凹点。

【识别要点】茎不分枝，具浅黄色腺毛。叶微小。松散穗状花序；花无小苞片；花丝无毛；花萼钟形，2深裂，每裂片顶端2裂。蒴果卵形。种脐不显，纹饰孔圆形。

【生长习性】生于针茅草原、沙丘、山坡、林下、路边，寄生于菊科植物根部；海拔850～4000 m均可生长。种子有后熟作用，寿命长，可达12年以上，且生长期内发芽不整齐，萌发时需碱性条件。花期5～7月，果期7～9月，生育期30～40 d。

【危害】被列入《中华人民共和国进境植物检疫性有害生物名录》。欧亚列当主要寄生在菊科植物根部，为害向日葵，导致寄生植株低矮细弱，花盘瘦小，秕粒增加，产量和质量大幅度降低，受害严重的向日葵花盘凋萎干枯，整株死亡。

【防治方法】严格执行检疫制度，严禁从国外随种子、苗木或其他动、植物产品引入；加强内检，不从发生欧亚列当的地区调种，一旦在调运的其他种子中检疫出的欧亚列当种子超标，要集中加工、处理，并将加工后的下脚料彻底销毁。因地制宜，选种抗病品种；轮作倒茬，对重茬、锓茬地实行6～7年轮作倒茬；应用聚乙烯塑料菌膜覆盖欧亚列当发生严重的田块暴晒30～40 d，其种子可减少90%；适当增施钾肥或磷肥，提高作物对其侵染的抗性。在出土盛期和结实前锄草2～3次，开花前人工铲除并将其烧毁或深埋。化学防治用0.5%硼酸进行茎叶喷施，防治效果达95%以上；草甘膦、利谷隆、2, 4-D丁酯和氟乐灵等除草剂在出苗前或出苗后喷施，可获得较好的防除效果；可用镰刀菌和欧氏杆菌等列当病原菌进行生物防治；还可用萌发刺激物或"诱杀"植物诱导列当种子"自杀式萌发"。

【用途】全草入药，具补肾助阳、强筋壮骨功效，还有抗疲劳、改善脑组织循环作用。

【原产地】北非、西亚和欧洲大部分地区。

【首次发现时间与引入途径】我国最早于1924年发现，随进口种子引入。

【传播方式】种子极小似粉尘，易黏附在其他植物果实、种子或根茎上传播；也能借风力、水流、人畜及农具传播；还能随寄主种子调运而远距离传播。

【分布区域】在东北主要分布于吉林白城。甘肃、陕西、青海、内蒙古、新疆、河北和山西均有分布。

参 考 文 献

刘东春，王芳，崔征，等. 2001. 欧亚列当提取物抗脂质过氧化作用的研究［J］. 沈阳药科大学学报，18（3）：205-207

吴海荣，强胜. 2006. 检疫杂草列当（*Orobanche robanche* L.）［J］. 杂草科学，（2）：58-60

郑惠超. 2009. 列当科药用植物生物活性的研究进展［J］. 内蒙古医学杂志，41（2）：207-210

二十四、车 前 科

72 长叶车前 *Plantago lanceolata* L.

【异名】*Plantago lanceolata* var. *sphaerostachya* Mert. & Koch，*Arnoglossum lanceolatum* Gray，*Lagopus lanceolatus* Fourr.，*Lagopus timbali* Fourr.

【英文名】English plantain，buckhorn，rib grass，buckhorn plantain，ribwort plantain，narrow-leaved plantain

【中文别名】窄叶车前、欧车前、英国车前、披针叶车前、狭叶车前、东北狭叶车前

【形态特征】车前科（Plantaginaceae）多年生草本。根须状。莲座状茎短。单叶，基生；叶柄长 2～4.5 cm，基部有长柔毛；叶片披针形，长 5～20 cm，宽 5～35 mm，全缘，两面密生柔毛或无毛，具 3～5 明显纵脉。花葶少数，长 15～40 cm，4 棱，有密柔毛；穗状花序圆柱状，长 2～3.5 cm，密生多数花；苞片宽卵形，长 4～5 mm，顶端长尾尖，中央有一具毛的棕色龙骨状突起；前萼裂片倒卵形，长 3～4 mm，联合，顶端微缺，有 2 窄突起，后萼裂片卵形，离生；花冠裂片三角状卵形，长约 2 mm，有一棕色突起；雄蕊远伸出花冠。蒴果椭圆形，长约 3 mm，周裂。种子椭圆形，黄褐色至深褐色，腹面内凹，长 2.2～3.5 mm，宽 0.8～1.5 mm，厚 0.5～1.2 mm。

【识别要点】仅有基生叶，叶片披针形。花序圆柱状，花密生。

【生长习性】生于温湿的草地或路边、海边、河边及山坡草地，海拔 0～900 m 均可生长。种子春、夏、秋季均能萌发。花期 5～6 月，果期 7～8 月，生育期约 135 d。

【危害】一般性杂草，是多种作物（甜菜、甘薯、番茄、芜菁、瓜类、烟草、蚕豆）病毒、害虫及病原菌的寄主，如能侵染包括十字花科植物在内的 10 科 50 多种植物的长叶车前花叶病毒（ribgrass mosaic virus，RMV）。其花粉是引起夏季型花粉症主要病源之一。

【防治方法】严格检疫，作物种子如混有长叶车前种子不能播种，应集中处理并销毁。种子成熟前连根拔除。可使用 10% 草甘膦水剂与 20% 的二甲四氯钠盐混用防治非农田中的长叶车前。

【用途】莲座形茎生叶叶质肥厚，细嫩多汁，是早春主要牧草之一。种子可作"车前子"入药，具有清热、明目、利尿、止泻、降血压、镇咳和祛痰等功效；种子油也是工业用油。

【原产地】欧洲、北非及中亚。

【首次发现时间与引入途径】我国最早于 1910 年在辽宁大连采集到标本，可能随

进口草坪种子进入。吉林于2001年在安图县首次发现。

【传播方式】果实可随水流、交通工具、建筑用土传播，或黏附在农副产品、农机具及人体和动物体进行传播。

【分布区域】在东北主要分布于辽宁沈阳、大连和丹东，吉林白山和四平。陕西、河南、湖北、山东、江苏、浙江、江西、新疆、甘肃、云南和台湾等地均有分布。我国大部分地区均为其适生区。

幼株

花　　果序　　种子

参 考 文 献

盛方镜，徐平，薛朝阳. 1995. 长叶车前草花叶病毒侵染番茄的特征 [J]. 浙江农业大学学报，21（3）：265

严仲铠，李万林. 1997. 中国长白山药用植物彩色图志 [M]. 北京：人民卫生出版社

Yuji N，Shiroh M，Nobuhiko O，et al. 2005. *Plantago lanceolata*（English plantain）pollinosis in Japan [J]. Auris Nasus Larynx，32（3）：251-256

二十五、葫 芦 科

73 刺果瓜 *Sicyos angulatus* L.

【英文名】burcucumber，one seeded burcucumber，star cucumber，nimble kate，wall bur cucumber，siankurkku

【中文别名】刺黄瓜、野黄瓜、棘瓜、奄拉藤

【形态特征】葫芦科（Cucurbitaceae）一年生攀缘草本。茎长5～6 m，最长可达10 m以上，具有纵向排列的棱槽，其上散生硬毛，节处毛多，卷须3～5裂。单叶，互生；叶柄长，有时短，具有短柔毛；叶圆形或卵圆形，长和宽近等长，5～20 cm，具有3～5浅裂，裂片三角形，叶基深缺刻，叶缘具有锯齿，叶两面微糙。花单性，雌雄同株；雄花排列成总状花序或头状聚伞花序，花序梗长10～20 cm，具有短柔毛；花托长4～5 mm，具柔毛，花萼5，长约1 mm，披针形至锥形；花冠直径9～14 mm，白色至淡黄绿色，具绿色脉，裂片5，三角形至披针形，长3～4 mm；雌花较小，聚成头状，无柄，10～15朵着生于花序梗顶端；花萼和花冠与雄花的相同；下位子房与花托愈合，呈卵圆形、纺锤形或钻形，有时具长喙、刚毛或多刺，很少光滑，1室；花柱短；柱头3；胚珠1，悬垂于室顶。果实干燥，囊状，3～20个簇生，长10～15 mm，革质，长卵圆形，密被长刚毛，不开裂，内含种子1。种子橄榄形至扁卵形，种皮膜质，光滑，长7～10 mm。

【识别要点】大型草质藤本植物。果实簇生，囊状，密被长刚毛。

【生长习性】生于低矮林间、悬崖底部、田间、铁路旁和荒地等，生长速度快，易在阴湿环境快速形成优势种群；海拔5～1000 m均可生长。单株种子产量50～200粒，4～5月萌发。花期5～10月，果期6～11月，生育期约120 d。种子有物理休眠和生理休眠，寿命可达4～5年。

【危害】重要的危险性植物。刺果瓜与本地物种竞争生存空间，分泌化学物质抑制其他植物生长，减少本地物种的种类和数量，改变和破坏当地的自然景观；攀缘到乔木树冠顶端，覆盖乔木、灌木后使其缺乏光照而死亡或生长不良；通过卷须绞杀草本植物；危害大豆、玉米等农作物。

【防治方法】严格检疫，混有刺果瓜种子的其他植物种子不能播种，应集中处理并销毁，杜绝传播。幼苗期连根拔除，或果实成熟前将其茎蔓于基部割断，秋季收集干燥果实集中焚烧等均有一定防治作用。化学防治可用72%的2, 4-D丁酯乳油、25%灭草松水剂和20%使它隆乳油等于4～5叶期进行茎叶处理，防除效果良好。

【用途】可作黄瓜砧木，提高黄瓜对枯萎病和根结线虫等病虫害的抗性。苗期将茎叶用水焯后做馅供食用。

【原产地】美国。

【首次发现时间与引入途径】我国于1987年在云南昆明采集到标本，作为观赏植物引入。1997年4月在辽宁省大连棒槌岛首次发现，随草坪引种时无意带入；吉林于2008年在白山临江首次发现；黑龙江于2012年在大兴安岭首次发现。

【传播方式】种子混杂在玉米、大豆和草坪植物等的种子中传播；果实可附在其他播种材料及棉毛货物、宠物及人类衣服等上进行传播，也能随客土和交通工具等传播。

【分布区域】在东北主要分布于辽宁大连和丹东，吉林白山，黑龙江大兴安岭等。河北、北京、山西和台湾也有分布。我国东北、华东和西南地区为其适生区。

群落

叶

幼苗

果实

雄花

雌花

参 考 文 献

邵秀玲，梁成珠，魏晓棠，等. 2006. 警惕一种外来有害杂草刺果藤 [J]. 植物检疫，20（5）：303-305

王青，陈辰. 2005. 中国大陆葫芦科一归化属——野胡瓜属 [J]. 西北植物学报，25（6）：1227-1229

张圣平，顾兴芳，王烨. 2006. 野生棘瓜砧木对黄瓜生长及抗逆性的影响 [J]. 园艺学报，33（6）：
　　1131-1236

张圣平，王烨. 2005. 低温胁迫对以野生黄瓜（棘瓜）为砧木的黄瓜嫁接苗生理生化指标的影响 [J].
　　西北植物学报，25（7）：1428-1432

张淑梅，王青，姜学品，等. 2007. 大连地区外来植物——刺果瓜（*Sicyos angulatus* L.）对大连生态的
　　影响及防治对策 [J]. 辽宁师范大学学报（自然科学版），30（3）：355-359

Nagata T. 1972. Illustrated Japanese alien plants [M]. Tokyo：Hokuryu-Kan

Qu XX，Baskin JM，Baskin CC. 2010. Whole-seed development in *Sicyos angulatus*（Cucurbitaceae，
　　Sicyeae）and a comparison with the development of water-impermeable seeds in five other families [J].
　　Plant Species Biology，25（3）：185-192

Qu XX，Baskin JM，Baskin CC. 2012. Combinational dormancy in seeds of *Sicyos angulatus*（Cucurbitaceae，
　　tribe Sicyeae）[J]. Plant Species Biology，27（2）：119-123

二十六、菊　　科

74　胶菀 *Grindelia squarrosa*（Pursh）Dunal.

【英文名】curlycup gumweed，gumweed

【形态特征】菊科（Asteraceae）二年生或多年生草本。茎直立，上部常分枝，最高达 90 cm，光滑无毛，具纵棱。叶互生，茎生叶长 2～7 cm，椭圆形、倒披针形乃至剑形，长是宽的 2～5 倍，顶端锐尖，基部多少抱茎，叶缘锯齿状，钝三角形，有树脂尖，叶片表面光滑无毛，具腺点。头状花序排成聚伞花序；总苞半球形，直径 0.9～1.5 cm；总苞片 5～10 层，棍棒状至披针形，顶端常具钩，有时下弯或近直，具黏液。舌状花多数，黄色，舌片长 7～15 mm，顶端具 3 齿或不规则裂，花筒长 3～4 mm，花柱分枝长约 3.5 mm；管状花多数，能育两性花，黄色，裂片 5，长约 1 mm，花柱长约 4 mm，高出花冠约 1 mm。瘦果麦秆黄色至褐色，椭球形，表面光滑，具条纹或沟，长 2～4 mm；冠毛 2～4，鳞片状，长披针形，约 4 mm，

花序　　　　　　　　　　　　　　　　　　　　　　　　　　植株

易脱落。

【识别要点】瘦果椭球形，麦秆黄至褐色，表面光滑，具条纹或沟；冠毛鳞片状。

【生长习性】多生于路旁和溪边。花期7～10月，果期8～10月。

【危害】危害当地生物多样性。

【防治方法】加强检疫。

【原产地】美国南部和墨西哥奇瓦瓦。

【首次发现时间与引入途径】2008年首次在辽宁大连发现，随人类活动无意带入。

【传播方式】种子混杂在其他植物种子中，或黏附在交通工具上传播。

【分布区域】在东北仅分布于辽宁大连。我国东北和华北地区均为其适生区。

参 考 文 献

范香媛，张淑梅，高天刚. 2011. 胶菀属——中国菊科紫菀族的一个新归化属［J］. 植物分类与资源学报，33（2）：171-173

Vladimirov V，Petrova AS. 2012. *Grindelia squarrosa*：a new alien species for the *Bulgarian flora*［J］. Phytologia Balcanica，18（3）：315-318

75　菊芋 *Helianthus tuberosus* L.

【异名】*Helianthus tuberosus* var. *subcanescens* A. Gray

【英文名】Jerusalem artichoke，topinambour

【中文别名】鬼子姜、五星草、洋姜、番姜

【形态特征】菊科（Asteraceae）多年生草本，具根茎，地上茎直立，上部分枝，被短糙毛或刚毛。叶通常对生，上部叶有时互生；叶柄上部有狭翅；下部叶卵圆形或卵状椭圆形，长10～16 cm，宽3～9 cm，先端急尖或渐尖，基部宽楔形或圆形，有时微心形，顶端渐细尖，边缘有粗锯齿，上面被白色短粗毛，下面被柔毛；上部叶长椭圆形至阔披针形，基部渐狭，下延成短翅状，顶端渐尖，短尾状；三出基脉，叶脉上有短硬毛。头状花序数个，生于枝端，直径5～9 cm，有1～2个线状披针形的苞叶；总苞片披针形或线状披针形，开展；舌状花中性，淡黄色，特别显著；管状花两性，花冠黄色、棕色或紫色，裂片5。瘦果楔形；冠毛上端常有2～4个具毛的扁芒。

【识别要点】根茎。叶对生，具三大脉。头状花序集成伞房状，聚药雄蕊。瘦果顶端常有冠毛或鳞片。

【生长习性】菊芋对生态环境条件要求不严，喜温暖、湿润、肥沃土壤，耐寒、耐旱、耐贫瘠、耐盐碱；海拔800～1400 m地区均可生长。根茎在3月中旬至4月上旬萌芽，立秋至处暑现蕾开花，立冬前后地上部分枯死，在地下休眠越冬，可耐−30～−20℃低温，翌年春又抽生幼苗。根茎花后膨大生长，但当年不出苗，经过约80 d生理休眠，需要经历2～5℃的低温打破休眠。

【危害】易形成单优种群落，降低玉米和大豆等的产量，削弱当地生物多样性。

【防治方法】秋季及早春彻底清理田中种块，防止其萌发。苗期连同地下根茎拔除，并晒干，防止根状茎萌发。二氯吡啶和二氯吡啶酸与2,4-D混用、麦草畏和2,4-D混用均能防除菊芋。

【用途】根状茎含有丰富的淀粉，是优良的多汁饲料。新鲜的茎和叶作青贮饲料，营养价值比向日葵高。根状茎也是一种味美的蔬菜并可加工制成酱菜；另外还可制菊糖及酒精，菊糖在医药上又是治疗糖尿病的良药，也是一种有价值的工业原料。

【原产地】北美洲东部。

【首次发现时间与引入途径】17 世纪作为食用植物引入我国。辽宁省于 1950 年在营口采集到标本。

【传播方式】人为引种。

【分布区域】在东北主要分布于辽宁各地，吉林长春、延边和白山，黑龙江各地。北京、内蒙古、河北、河南、四川、山东、陕西、新疆、江苏、湖南、湖北、安徽、宁夏和山西等地均有分布。我国大部分地区为其适生区。

幼苗　群落　根状茎　花序

参 考 文 献

艾买尔江·吾斯曼，吐热依夏木·依米体，吴全忠. 2011. 菊芋生态适应性试验分析［J］. 新疆农垦科技，（3）：13

刘祖昕，谢光辉. 2012. 菊芋作为能源植物的研究进展［J］. 中国农业大学学报，17（6）：22-132

许志东. 2012. 黑龙江省外来入侵植物分布及假苍耳 DNA 甲基化的研究［D］. 哈尔滨：哈尔滨师范大学硕士学位论文

张晓玲. 2011. 菊芋的特征特性及栽培技术研究［J］. 安徽农学通报，17（12）：111-112

Wall DA，Kiehn FA，Friesen GH. 1986. Control of Jerusalem artichoke（*Helianthus tuberosus*）in barley（*Hordeum vulgare*）［J］. Weed Science，34：761-764

76 野茼蒿 *Crassocephalum crepidioides*（Benth.）S. Moore

【异名】*Gynura crepidioides* Benth.

【英文名】thickhead，redflower ragleaf，fireweed

【中文别名】革命菜

【形态特征】菊科（Asteraceae）一年生直立草本。茎有纵条棱，高20～120 cm，无毛。叶膜质，椭圆形或长圆状椭圆形，长7～12 cm，宽4～5 cm，顶端渐尖，基部楔形，边缘有不规则锯齿或重锯齿，或有时基部羽状裂，两面无或近无毛；叶柄长2～2.5 cm。头状花序数个在茎端排成伞房状，直径约3 cm；总苞钟状，长1～1.2 cm，基部截形，有数枚不等长的线形小苞片，总苞片1层，线状披针形，等长，宽约1.5 mm，具狭膜质边缘，顶端有簇状毛，小花全部管状，两性，花冠红褐色或橙红色，檐部5齿裂，花柱基部呈小球状，分枝，顶端尖，被乳头状毛。瘦果狭圆柱形，赤红色，有肋，被毛；冠毛极多数，白色，绢毛状，易脱落。

【识别要点】茎有纵条棱。头状花序伞房状，小花全部管状，两性，花冠红褐色或橙红色。瘦果狭圆柱形，赤红色，有肋。

【生长习性】喜温暖、湿润、肥沃的土壤，常生于海拔300～1800 m的荒地路旁、水旁或灌丛中。花期7～8月，生长期8～10月。

【防治方法】人工拔除。

【用途】全草入药，有健脾、消肿之功效，治消化不良、脾虚水肿等症。嫩叶可作野菜。

【原产地】热带非洲。

【首次发现时间】我国首份标本于1924年采自广东翁源县。

【传播方式】随人类活动传播。

【分布区域】东北目前仅分布于辽宁大连旅顺口区、丹东宽甸满族自治县。江西、福建、湖南、湖北、广东、广西、贵州、云南、四川、西藏等地均有分布。我国大部分地区为其适生区。

果序

茎叶

参 考 文 献

张淑梅，李忠宇，王萌，等. 2016. 辽宁的新纪录植物［J］. 辽宁师范大学学报（自然科学版），39（3）：390-394

77　一年蓬 *Erigeron annuus*（L.）Pers.

【异名】*Aster annuus* L.，*Erigeron hete-rophyllus* Muhlenberg ex Willdenow，*Stenactis annua*（L.）Cassini ex Lessing，*Erigeron annuus* var. *discoides*（Victorin & J. Rousseau）Cronquist

【英文名】Eastern daisy fleabane，vergerette annuelle

【中文别名】千层塔、治疟草、野蒿、黑风草、姬女苑、蓬头草、神州蒿、向阳菊、白顶飞蓬、白马兰、白头蒿、地白菜

【形态特征】菊科（Asteraceae）一年生或越年生草本。茎直立粗壮，高27～132 cm，上部有分枝，绿色，全株被有短硬毛。叶互生，茎生叶矩圆形或宽卵形，长4～17 cm，宽1.5～4 cm；边缘有粗齿，基部渐狭或锯齿状的叶柄；中部和上部叶较小，矩圆状披针形或披针形，长1～9 cm，宽0.5～2 cm，具短柄或无柄，边缘有规则的齿裂，最上部叶通常条形，全缘，具睫毛。花两性，头状花序，排列成伞房状，径约1.5 cm；总苞半球形，总苞片3层，革质，密被长的直节毛；舌状花2层，白色或淡蓝色，舌片条形；雄蕊5，聚药，基部钝；雌蕊1，柱头2浅裂而扁，有冠状毛2列，内长外短，子房下位。瘦果披针形，压扁，有毛。

【识别要点】基生叶大头羽状浅裂，毛少。边花白色，中央花黄色。

【生长习性】喜生于肥沃、向阳的土地上，在干燥、贫瘠的土壤亦能生长；海拔200～2200 m均可生长。种子于早春或秋季萌发，6～8月开花，8～10月结果，以种子繁殖。

【危害】危险性植物，被列入《中国外来入侵物种名单（第三批）》和《中国主要农作物有害生物名录》。在春夏之交形成单优杂草群落，对土壤结构和肥力影响大，若不及时防除，作物产量大减，甚至会使整个果园及经济作物区荒废。一年蓬还是害虫地老虎的宿主。

【防治方法】在开花前人工拔除；结实期可剪去其果实，用袋子包好，防止大量种子落粒，再进行人工拔除；用恶草灵、果尔和草甘膦等除草剂也可防治。

【用途】对铜、铅、镉和铬等重金属有较强的耐受和富集能力，可用于矿区土壤修复、污染治理和生态恢复。植株性平、味淡，消食止泻，清热解毒，可开发利用其药用价值。

【原产地】北美洲。

【首次发现时间与引入途径】我国于1827年在澳门发现，随进口货物无意引进，逐步由东部沿海向内陆扩散蔓延。辽宁于1958年在抚顺清原采集到标本；吉林于1956年在白山采集到标本；黑龙江于1987年在牡丹江采集到标本。

【传播方式】种子可随风进行远程传播。

【分布区域】在东北主要分布于辽宁丹东、沈阳、鞍山、铁岭、抚顺和本溪，吉林长春、延边、通化和白山，黑龙江东部及南部各地，常见于哈尔滨、鸡西、齐齐哈尔和鹤岗。河北、河南、山东、江苏、浙江、安徽、江西、福建、湖北、湖南和四川等地均有分布。我国大部分地区为其适生区。

群落

幼苗

花序

参 考 文 献

胡淑恒，王家权，聂磊，等. 2003. 生物入侵的危害及防治措施 [J]. 生物学杂志，20（5）：12-15

齐淑艳，徐文铎. 2006. 辽宁外来入侵植物种类组成与分布特征的研究 [J]. 辽宁林业科技，（3）：11-15

王瑞，王印政，万方浩. 2010. 外来入侵植物一年蓬在中国的时空扩散动态及其潜在分布区预测 [J]. 生态学杂志，29（6）：1068-1074

许志东. 2012. 黑龙江省外来入侵植物分布及假苍耳 DNA 甲基化的研究 [D]. 哈尔滨：哈尔滨师范大学硕士学位论文

张建，王朝晖. 2009. 外来有害植物一年蓬生物学特性及危害的调查研究 [J]. 农林科技通讯，（6）：105-106

78　小蓬草 *Conyza canadensis*（L.）Cronq.

【异名】*Erigeron canadensis* L.，*Conyza canadensis* var. *glabrata*（A. Gray）Cronquist，*Conyza canadensis* var. *pusilla*（Nutt.）Cronquist，*Conyza parva* Cronquist，*Erigeron canadensis* var. *pusillus*（Nutt.）B. Boivin

【英文名】Canadian horseweed

【中文别名】小白酒草、小飞蓬、飞蓬、加拿大蓬

【形态特征】菊科（Asteraceae）一年生至二年草本，具锥形直根。茎直立，高50～100 cm，有细条纹及粗糙毛，上部多分枝，呈圆锥状，小枝柔弱。单叶互生；基部叶近匙形，长7～10 cm，宽1～1.5 cm，先端尖，基部狭，全缘或具微锯齿，边缘有长睫毛；无明显的叶柄；上部叶条形或条状披针形。花序密集成圆锥状或伞房圆锥状；总苞半球形，直径约3 mm；总苞片2～3层，条状披针形，边缘膜质，几无毛；两性花筒状，5齿裂，头状花序多数，直径约4 mm，有短梗；管状花直立，白色微紫，条形至披针形。瘦果矩圆形；冠毛污白色，刚毛状。种子产量高，较小，有翅。

【识别要点】茎具细棱及粗糙毛。基生叶毛多，茎生叶长披针形。多数小头状花序集成密集圆锥花序，管状花黄棕色。

【生长习性】具有较强的抗旱性和抗逆性，多生于干燥、向阳的山坡、草地、田野、路旁和河堤等处，甚至在石缝、水泥板缝隙等处，常常形成单优种群落，表现出极强的竞争优势；海拔350～3100 m均可生长于。4月中旬至5月中旬为其幼苗期，花期6～9月，果实7月渐次成熟。种子繁殖。以幼苗或种子越冬。

【危害】常见恶性入侵杂草。小蓬草产生的大量瘦果能借冠毛随风扩散，蔓延极快，对作物危害严重；能通过分泌化感物质抑制邻近其他植物生长，从而形成单优种群落，危害当地植物的正常生长，影响生态系统平衡。

【防治方法】草甘膦、2, 4-D丁酯和甲酸乙酯3种药剂混合使用效果较好。

【用途】嫩茎叶作饲料，全草入药。

【原产地】北美洲。

【首次发现的时间与引入途径】我国于1860年在山东烟台首次发现，随进口货物引入。辽宁于1955年在沈阳首次发现；吉林于1950年在吉林首次发现；黑龙江于1963年在哈尔滨帽儿山首次发现。

【传播方式】果实轻、小，具有冠毛，能在风力和气流的作用下远距离传播与扩散。

【分布区域】在东北广泛分布于辽宁全省，吉林长春、延边、通化和白山，黑龙江全省。全国各地均有分布。我国大部分地区为其适生区。

参 考 文 献

曹慕岚，罗群，张红，等. 2007. 入侵植物加拿大飞蓬生理生态适应初探［J］. 四川师范大学学报（自然科学版），30（3）：387-390

丁佳红，刘登义，李征，等. 2005. 土壤不同浓度铜对小飞蓬毒害及耐受性研究［J］. 应用生态学报，16（4）：668-672

彭瑜，胡进耀，苏智光. 2008. 外来物种红花酢浆草的化感作用研究［J］. 草业学报，16（5）：90-95

强胜，曹学章. 2001. 外来杂草在我国的危害性及其管理对策［J］. 生物多样性，9（2）：189-190

群落

幼苗

花序

79 香丝草 *Conyza bonariensis*（L.）Cronq.

【异名】*Erigeron bonariense* L.，*Leptilon bonariense*（L.）Small，*Marsea bonariensis*（L.）V.M. Badillo

【英文名】flax-leaf fleabane，wavy-leaf fleabane，Argentine fleabane，hairy fleabane

【中文别名】野塘蒿、野地黄菊、蓑衣草

【形态特征】菊科（Asteraceae）一年生或二年生草本。根纺锤状，茎高可达50 cm。叶密集，基部叶花期常枯萎，叶片狭披针形或线形，两面均密被糙毛。头状花序多数，总苞椭圆状卵形，总苞片线形，顶端尖，花托稍平，有明显的蜂窝孔，雌花多层，白色，花冠细管状，两性花淡黄色，花冠管状。瘦果线状披针形，扁压，淡红褐色。

【识别要点】叶片密被糙毛。头状花序总苞片线形，雌花多层，白色，花冠细管状，两性花淡黄色，花冠管状。瘦果线状披针形，淡红褐色。

【生长习性】常生于荒地、田边、路旁。花期 5～10 月。

【危害】发生量大，危害重，是区域性的恶性杂草，也是路埂、宅旁及荒地发生数量大的杂草之一。

【防治方法】严格进行杂草检疫；合理轮作；人工拔除；化学防治可用一般阔叶类除草剂。

【用途】入药，治感冒、疟疾、急性关节炎及外伤出血等症。

【原产地】南美洲。

【首次发现时间】我国最早标本于 1905 年采自湖南长沙。辽宁最早标本于 2015 年采自葫芦岛龙港区。

【传播方式】通过耕作、交通运输等无意散播。

【分布区域】在东北主要分布于辽宁大连长海县和葫芦岛龙港区。我国中部、东部、南部至西南部各地为其适生区。

植株

参 考 文 献

张淑梅，李忠宇，王萌，等. 2016. 辽宁的新纪录植物［J］. 辽宁师范大学学报（自然科学版），39（3）：390-394

80 加拿大一枝黄花 *Solidago canadensis* L.

【英文名】Canadian goldenrod

【中文别名】黄莺、麒麟草

【形态特征】菊科（Asteraceae）多年生草本。地下根须状。直立茎高 1.5～3 m，茎秆粗壮，中下部直径可达 2 cm，下部一般无分枝，常紫黑色，密生短的硬毛。单叶互生；基部叶有柄，上部叶柄渐短或无柄；叶片卵圆形、长圆形或披针形，长 4～10 cm，宽 1.5～4 cm，先端尖、渐尖或钝，边缘有锐锯齿，上部叶锯齿渐疏至近全缘，初时两面有毛，后渐无毛或仅脉被毛；大都呈三出脉。花两性，头状花序很小，长 4～6 mm，在花序分枝上单面着生，多数弯曲的花序分枝与单面着生的头状花序，形成开展的圆锥状花序。总苞狭钟形，总苞片 4 层，覆瓦状排列，外层短，卵形；长约 1 mm，背面被短柔毛，先端尖，有缘毛，内层狭披针形，长 3 mm，背面上部有毛，先端渐尖，有缘毛；边花舌状，黄色，长 5 mm；花柱分枝披针形，中央花两性，黄色，花冠管状钟形，长 4 mm，先端 5 齿裂。瘦果圆柱形，近无毛，冠毛白色。种子小而多，千粒重约 0.0475 g，种子上具 3～10 个的细绒毛。

【识别要点】三出脉。头状花序排列成总状或总状圆锥状。瘦果全部无毛。

【生长习性】生态适应性广，耐阴、耐旱、耐瘠薄，在偏酸性、低盐碱的砂壤土和壤土中，尤其在水分和阳光充足且肥沃的生境中生长最佳，主要生长在河滩、荒地、公路两旁、农田边、农村住宅四周；海拔 70～1900 m 均可生长。以种子和地下根状茎繁殖，每年 3 月开始萌发，4～9 月为营养生长，10 月中下旬开花，11～12 月果实成熟，一株植株可形成 2 万多粒种子，种子发芽率高。

【危害】具有很强的竞争能力，其地下根状茎横走，常形成单优种群落，严重威胁本土物种多样性。

【防治方法】严格检疫，禁止调运含其种子的粮食、种苗等，北方地区应禁止作为花卉引种。将其花穗剪去，将地上部分和根状茎拔出后尽快集中焚烧干净，防止种子、根状茎和拔出部分的扩散。利用草甘膦和洗衣粉按 5∶1 混合在其幼苗期进行防治；也可使用其他灭生性除草剂进行防治。湿地中可利用芦苇进行替代控制。加强绿地、农田管理。

【用途】花色金黄且花粉量大，可作为观赏花卉和秋季的良好蜜源；植株是培养食用菌的理想基质材料；植物纤维含量高，可制浆造纸，或加工成一次性可降解生物制品；全草可入药，有散热祛湿、消积解毒功效，可治肾炎、膀胱炎，还可用其研制天然营养霜、有止痒作用的沐浴露。

【原产地】北美洲东北部。

【首次发现时间与引入途径】我国于 1926 年作为观赏植物引入浙江、上海和南京等地。辽宁于 1950 年在大连金州区采集到标本，作为观赏植物引入，2004 年扩散到黑龙江。

【传播方式】种子可由风或动物携带传播；根状茎横走传播。

【分布区域】在东北主要分布于辽宁沈阳、大连和锦州，吉林白山，黑龙江东部。上海、江苏、浙江、安徽、山东、河南、湖北、湖南、江西、福建、重庆、贵州、四川（东部）、广东（北部）、广西（北部）、云南（东北部）、山西（南部）和陕西（南部）均有分布。我国大部分地区为其适生区。

群落

根状茎　花序

参 考 文 献

董梅，陆建，张文驹，等. 2006. 加拿大一枝黄花——一种正在迅速扩张的入侵植物 [J]. 植物分类
　　学报，44（1）：72-85

董旭，郭水良，陈秀芝. 2012. 入侵植物加拿大一枝黄花综合管理技术的研究进展 [J]. 环境科学与管
　　理，37（9）：86-91

黄大庆，姚剑. 2005. 外来入侵物种加拿大一枝黄花 [J]. 中学生物学，21（3）：8-10

潘笑. 2011. 恶性杂草加拿大一枝黄花的生物学特征及危害概述 [J]. 科技传播，（2）：80

齐淑艳，徐文铎. 2006. 辽宁外来入侵植物种类组成与分布特征的研究 [J]. 辽宁林业科技，（3）：11-15

余岩，陈立立，何兴金. 2009. 基于 GARP 的加拿大一枝黄花在中国的分布区预测 [J]. 云南植物研
　　究，31（1）：57-62

查国贤，张国彪，徐建方，等. 2011. 加拿大一枝黄花的防控措施 [J]. 杂草科学，29（4）：46-49

81　刺苍耳 *Xanthium spinosum* L.

【异名】*Xanthium ambrosioides* Hooker & Arnot，*Xanthium spinosum* var. *inerme* Bel.

【英文名】Spiny cocklebur，clotbur

【中文别名】刺苍子

【形态特征】菊科（Asteraceae）一年生草本，具锥形直根。茎直立，高 40～120 cm，不分枝或从基部多分枝，被短糙伏毛或微柔毛。单叶互生；叶柄细、短，长 5～5 mm，被绒毛。叶片狭卵状披针形或阔披针形，长 3～8 cm，宽 6～30 mm，边缘 3～5 浅裂或不裂，全缘，中间裂片较长，长渐尖，基部楔形，下延至柄，背面密被灰白色毛；叶腋具有黄色刺，长 1～2 cm。花单性，雌雄同株；雄花序球状，生于上部，总苞一层；雄花管状，顶端裂，雄蕊 5；雌花序卵形，生于雄花序下部，总苞囊状，长 8～14 mm，具钩刺，先端具 2 喙，内有 2 朵无花冠的花，花柱线形，柱头 2 深裂。瘦果长椭圆形，具细的钩刺，大多数单生或稀少簇生在叶腋，圆筒状，长约 1 cm 或稍长，无喙或具有短喙，被微毛。种子 2 枚，长椭圆形，种皮纵纹不明显。

【识别要点】叶腋具有黄色刺。果实瘦长呈长椭圆形，表面黄棕色，钩刺坚韧，基部稍增粗，顶端两枚粗刺分离。

【生长习性】常生于路边、荒地和旱作物地；海拔 597～1834 m 均可生长。花期

8～9 月，果期 9～10 月。种子繁殖。

【危害】恶性入侵杂草。植株高大，团块状分布，且植株具刺，不易被机械、人工去除，给农田的机械操作、人工管理带来不便；果实具刺，极容易被人和动物带到其他地方。另外，果实混入籽粒较大的农作物（如大豆、玉米）种子当中，降低粮食籽粒的纯度。

【防治方法】在其苗期或开花前进行拔除，连续拔除 2～3 年，即可根除；秋冬季，将植株、特别是"果实"集中焚烧或销毁；也可在 3～5 叶期喷施 2, 4-D。

【用途】总苞入药，用于治疗风寒头痛、鼻塞流涕、风寒湿痹、皮肤湿疹、麻风和疥疮搔痒等症。

【原产地】南美洲；在欧洲中、南部，亚洲和北美洲归化。

【首次发现时间与引入途径】我国于 1932 年在河南郸城县发现野生归化种，人为无意带入。辽宁于 1961 年在大连首次发现。

【传播方式】果实具钩刺，常随人和动物传播，或混在作物种子中散布。

【分布区域】在东北广泛分布于辽宁各地。河南、安徽、北京、新疆、内蒙古和宁夏等地均有分布。我国东北、华北和西北大部分地区为其适生区。

叶与刺

果实

参 考 文 献

杜珍珠，徐文斌，阎平，等. 2012. 新疆苍耳属 3 种外来入侵新植物［J］. 新疆农业科学，49（5）：879-886

林镕. 1979. 中国植物志. 第 75 卷［M］. 北京：科学出版社

宋珍珍，谭敦炎，周桂玲. 2012. 入侵植物刺苍耳在新疆的分布及其群落特征［J］. 西北植物学报，32（7）：1448-1453

赵利清，臧春鑫，杨吉力. 2006. 侵入种刺苍耳在内蒙古和宁夏的分布［J］. 内蒙古大学学报（自然科学版），37（3）：308-310

82　瘤突苍耳 *Xanthium strumarium* L.

【异名】*Xanthium italicum* Moretti，*Xanthium strumarium* var. *indicum*（DC.）C. B.，*Xanthium strumarium* var. *inaequilaterale* Debeaux

【英文名】Canada cocklebur，cocklebur，ditchbur，large cocklebur，rough cocklebur

【中文别名】意大利苍耳、美国苍耳、大苍耳、大苍子

【形态特征】菊科（Asteraceae）一年生草本。根系发达，有气腔，主根深可达 1 m；侧根分枝多，有时横走，长可达 2 m。茎直立，高 0.2～1.5 m，稍有棱，具紫色至黑色条形斑纹，具糙毛，分枝较多。单叶，茎下部叶近对生，上部叶互生；叶柄长 3～10 cm，几与叶片等长；叶片三角状卵形至宽卵形，具糙毛，3～5 裂，叶缘锯齿状至浅裂，三出基脉。雌雄同株；雄花聚成短的穗状或总状花序，腋生或顶生，直径 5～10 mm；雄花冠管状钟形，雄蕊超出花冠，花药细小；雌花序生于雄花序下方叶腋处，含 2 个结实小花；总苞卵球形，成熟后棕色至棕褐色，连喙长 20～30 mm，宽 10～16 mm，顶端具 1 个或 2 个锥状喙，喙直且粗，锐尖，表面具较密的总苞刺，刺长 2～6 mm（通常 5 mm），径约 1 mm，直立，向上部渐狭，基部增粗，顶端具细倒钩，中部以下被刚毛，上端无毛；

无花冠；花柱 2 深裂，柱头超出总苞。2 个瘦果包于木质总苞内，黑色，长扁圆形，长 10～20 mm，基部三角形，表面纵纹明显，二型。种子灰黄色，表面具浅纵纹。

【识别要点】茎带紫色斑纹。果实（总苞）棕褐色，顶端具 1 个或 2 个锥状喙，密被钩状刺，中部以下密生刚毛。

【生长习性】多生于砂质河滩地，也生于荒地、田间、路旁，耐盐碱和长期水淹，对环境的适应能力强，生长迅速，易在湿润环境快速形成优势种群；海拔 10～1000 m 均可生长。单株种子产量 50～1000 粒，5～6 月萌发。花期 7～8 月，果期 8～9 月，生育期约 150 d。

【危害】重要的危险性植物，竞争能力强，与当地植物争夺水分、营养、光照和生长空间，并能分泌化感物质抑制其他植物生长，降低入侵生境的植物多样性，严重危害农业生产和生态环境。瘤突苍耳是向日葵茎溃疡病菌（*Diaporthe helianthi*）的寄主。带刺总苞妨碍人类生产活动、降低牲畜皮毛产量和质量。全株有毒，子叶期对牲畜毒害最大。

【防治方法】严格检疫，混有瘤突苍耳种子的种子不能播种，应集中处理并销毁，杜绝传播。人工拔除可在开花前进行；秋季

干燥成株可用火烧。化学防治可用72%的2,4-D-丁酯乳油、25%灭草松水剂和20%使它隆乳油等于4～5叶期进行茎叶处理，防除效果良好；也可用苍耳柄锈菌（*Puccinia xanthii*）进行生物防治。

【用途】果实（苍耳子）可以入药，也可用于提炼植物源除草剂，有效成分为（8α，10β）-4-氧-1（5），2，11（13）-苍耳三烯-12，8-内酯。

【原产地】加拿大南部、美国和墨西哥。

【首次发现时间与引入途径】我国于1991年在北京首次发现，可能随进口农副产品或包装物传入。辽宁于2007年在锦州凌海首次发现；吉林于2008年在白山临江首次发现；黑龙江2008年在绥化肇东首次发现。

【传播方式】果实可随水流、交通工具、建筑用土，或黏附在农副产品、农机具及人体和动物体进行传播。

【分布区域】在东北主要分布于辽宁沈阳、大连、辽阳、鞍山、锦州、朝阳和阜新，吉林白山，黑龙江绥化和鸡西。北京、河北、山东、广东、广西和新疆等地均有分布。除青海、西藏和新疆（天山山脉以南）和内蒙古（北部）外，我国其他地区均为其适生区。

群落

花序

果实

参 考 文 献

车晋滇，胡彬. 2007. 意大利苍耳的药剂防除［J］. 杂草科学，（3）：59-60

车晋滇，孙国强. 1992. 北京新发现二种杂草平滑苍耳和意大利苍耳［J］. 病虫测报，12（1）：39-40

李长田. 2012. 中国苍耳属一新归化种瘤突苍耳［J］. 吉林农业大学学报，34（5）：508-510

李楠，朱丽娜，翟强，等. 2010. 一种新入侵辽宁省的外来有害植物——意大利苍耳［J］. 植物检疫，
　　12（1）：49-51

刘慧圆，明冠华. 2008. 外来入侵种意大利苍耳的分布现状及防控措施［J］. 生物学通报，43（5）：
　　15-16

王瑞，万方浩. 2010. 外来入侵植物意大利苍耳在我国适生区预测［J］. 草业学报，19（6）：222-230

吴冬，黄姝博，李宏庆. 2009. 意大利苍耳二形性种子萌发、植株生长差异及生态适应性［J］. 生态学
　　报，29（10）：5258-5264

徐英超. 2010. 内折香茶菜及意大利苍耳子的化学成分研究［D］. 济南：山东大学硕士学位论文

David I，Harcz P，Kovics GJ. 2003. First report of *Puccinia xanthii* on *Xanthium italicum* in eastern
　　Hungary［J］. Plant Disease，87（12）：1536

Shao H，Huang XL，Wei XY，et al. 2012. Phytotoxic effects and a phytotoxin from the invasive plant
　　Xanthium italicum Moretti［J］. Molecules，17（4）：4037-4046

Vrandecic K，Jurkovic D，Riccioni L，et al. 2010. *Xanthium italicum*，*Xanthium strumarium* and *Arctium
　　lappa* as new hosts for *Diaporthe helianthi*［J］. Mycopathologia，170（1）：51-60

83 假苍耳 *Cyclachaena xanthiifolia*（Nutt.）Fresen.

【异名】*Iva xanthiifolia* Nutt.，*Iva pedicellata*（Rydb.）Cory，*Euphrosyne xanthiifolia*（Fresen.）A. Gray，*Iva paniculata* Nutt.，*Cyclachaena pedicellata* Rydb.，*Iva xanthiifolia* var. *pedicellata*（Rydb.）Kittell

【英文名】flase ragweed，false sunflower，giant sumpweed

【形态特征】菊科（Asteraceae）一年生草本。茎直立，高达 2 m，有分枝，下部无毛或有毛。叶对生，茎上部叶互生；互生叶有长柄，疏被柔毛；叶片广卵形、卵形、长圆形或近圆形，基部楔形，先端渐尖或长尾状尖，边缘有缺刻状尖齿，表面被糙毛，背面密被柔毛，三出基脉。花单性，同一头状花序上既有雌花又有雄花，全部为管状花，着生在圆锥形的花序托上；头状花序多数，近无梗，于茎或分枝顶端形成穗状及圆锥状花序，花序轴被黏毛；雄花位于花序托的上部（即花盘中央），数目较多，每个篮状花序有十数朵雄花，每个雄花基部皆有一条形鳞片，雄花的花冠筒长约 2 mm，顶端膨大，下部较细，具 5 齿裂，雄蕊 5；花药长 0.8～1 mm，纵裂，花丝长约 0.6 mm，花粉粒圆球形，具刺状突起，雄花中存在退化雌蕊，退化花柱较长，约 1.2 mm，退化柱头盘状；雌花位于花序托下部（即花盘边缘），通常 5 个，位于总苞片内方，在雌花与总苞片之间有一大型船形鳞片包围雌花，鳞片边缘有毛，雌花的筒状花冠退化成极短的膜质小筒，位于子房的顶端，包围花柱的基部，花柱较短，柱头二裂，子房倒卵形。果黑褐色，倒卵形，长 2.5 mm，宽 1 mm，基部狭

楔形，先端平截，花冠宿存，腹面平，背面凸起；无冠毛。种子呈卵形，长约 3 mm，宽约 1 mm，千粒重为 1.243 g。

【识别要点】叶柄疏被柔毛，三出基脉，叶片表面被糙毛，背面密被柔毛。花冠宿存；果黑褐色，倒卵形，基部狭楔形，先端平截，无冠毛；腹面平，背面凸起。

【生长习性】能够适应多种土壤条件。通常每株产种子 2000～3000 粒，发育良好植株可结种子万粒以上。花期 7～8 月，果期 8～9 月。

【危害】重要的危险性植物，在我国属检疫性杂草，是我国潜在危害性入侵杂草之一。假苍耳以密集成片的单优种植物群落出现，大肆排挤当地植物，严重影响林木生长；进入农田，会给农作物带来严重的损失；在花粉期，易感人群接触花粉，引起花粉热，严重危害人类及家畜健康。

【防治方法】严格检疫，进口大豆、小麦中经常混有假苍耳。人工拔除可在结实期前进行，拔除后的植株可以用火烧处理。对正在结实期的植株，应先剪去果穗，用塑料袋包好以防止种子扩散，再拔除地上部分和根状茎，就地统一集中烧毁或深埋。对于入侵面积较大的地区，可以用大型机械设备，如推土机、装有旋转式的轮式拖拉机等，将主要根系推到土壤表面，集中用火烧掉，不保留任何剩余部分。可用苯嗪草酮进行分期施药防治，也可以将人工、机械、化学等方法结合起来，以达到综合控制假苍耳入侵的目的。

【用途】煎煮假苍耳的药汁可用于治疗咳嗽和流行性感冒。

【原产地】北美洲。

【首次发现时间与引入途径】我国于 1981 年在辽宁朝阳县首次发现，夹杂在进口农产品或货物无意带入。

【传播方式】假苍耳的近距离传播主要靠风力，而远距离传播则主要靠交通工具携带。

【分布区域】在东北主要分布于辽宁沈阳、朝阳、铁岭和阜新，黑龙江哈尔滨、齐齐哈尔、大庆和绥化。我国东北地区为其适生区。

参 考 文 献

关广清. 1983. 一种新侵入我国的杂草——假苍耳 [J]. 植物检疫, (5): 44-49

贾晶. 2007. 林业有害植物假苍耳的入侵特性研究 [D]. 哈尔滨: 东北林业大学硕士学位论文

王志广，左宏，范志军，等. 2010. 阜新地区 3 种林业有害植物的调查及防控建议 [C]. 辽宁省昆虫学会 2009 年学术年会论文集, 130-133

许志东. 2012. 黑龙江省外来入侵植物分布及假苍耳 DNA 甲基化的研究 [D]. 哈尔滨: 哈尔滨师范大学硕士学位论文

许志东，丁国华，刘保东，等. 2012. 假苍耳的地理分布及潜在适生区预测 [J]. 草业学报, 21 (3): 75-83

84 梁子菜 *Erechtites hieracifolius* （L.）Raf. ex DC.

【异名】 *Senecio hieracifolius* L., *Erechtites praealtus* Raf.

【英文名】 fireweed, American burnweed, pilewort

【中文别名】菊芹、饥荒草

【形态特征】菊科（Asteraceae）一年生草本，高 40～100 cm，不分枝或上部多分枝，具条纹，被疏柔毛。叶无柄，具翅，基部渐狭或半抱茎，披针形至长圆形，长 7～16 cm，宽 3～4 cm，顶端急尖或短渐尖，边缘具不规则的粗齿，羽状脉，两面无毛或下面沿脉被短柔毛。头状花序较多数，长约 15 mm，宽 1.5～1.8 mm，在茎端排列成伞房状。总苞筒状，淡黄色至褐绿色，基部有数枚线形小苞片；总苞片 1 层，线形或线状披针形，长 8～11 mm，宽 0.5～1 mm，顶端尖或稍钝，边缘窄膜质，外面无毛或被疏生短刚毛。小花多数，全部管状，淡绿色或带红色；外围小花 1～2 层，雌性，花冠丝状，长 7～11 mm，顶端 4～5 齿裂；中央小花两性，花冠细管状，长 8～12 mm，顶端 5 齿裂。瘦果圆柱形，长 2.5～3 mm，具明显的肋。冠毛丰富，白色，长 7～8 mm。

【识别要点】茎具条纹。叶无柄，具翅，基部渐狭或半抱茎。总苞筒状，淡黄色至褐绿色。小花多数，全部管状，淡绿色。瘦果圆柱形，具明显的肋。冠毛白色。

【生长习性】生于山坡、林下、灌木丛中或湿地上；海拔 1000～1400 m 均可生长。花果期 6～10 月。

【危害】入侵农田。

【防治方法】人工拔除，常用除草剂即可有效控制。

【用途】叶可作蔬菜。

【原产地】墨西哥。

【首次发现时间】我国于 1925 年首次在湖南江华县采集到标本。

【传播方式】随人类活动传播。

【分布区域】东北目前仅分布于辽宁丹东。江西、福建、湖南、湖北、广东、广西、贵州、云南、四川、西藏等地均有分布。我国大部分地区为其适生区。

植株上部　　植株下部　　花序

参 考 文 献

中国科学院中国植物志编辑委员会. 中国植物志. 第 77 卷［M］. 1999. 北京：科学出版社

85　苦苣菜 *Sonchus oleraceus* L.

【异名】*Sonchus mairei* H. Lév.，*Sonchus zacinthoides* DC.，*Sonchus rivularis* Phil.

【英文名】Common sow-thistle

【中文别名】苦菜、苦苣

【形态特征】菊科（Asteraceae）一年生或二年生草本。全草有白色乳汁。根圆锥状，垂直直伸，有多数纤维状的须根。茎中空，直立，高 50～100 cm，下部无毛，中上部及顶端有稀疏腺毛。茎生叶基部常为尖耳廓状抱茎，基生叶基部下延成翼柄；叶片柔软无毛，长椭圆状广倒披针形，长 15～20 cm，宽 3～8 cm，深羽裂或提琴状羽裂，裂片边缘有不整齐的短刺状齿至小尖齿。雌雄同株或异株；头状花序直径约 2 cm，花序梗常有腺毛或初期有蛛丝状毛；总苞钟形或圆筒形，长 1.2～1.5 cm；舌状花黄色，长约 1.3 cm，舌片长约 0.5 cm。瘦果倒卵状椭圆形，成熟后红褐色；每面有 3 纵肋，肋间有粗糙细横纹，有长约 6 mm 的白色细软冠毛。

【识别要点】全草具有白色乳汁。叶倒卵圆形，抱茎生，质软。瘦果倒卵状椭圆形，成熟后红褐色。

【生长习性】喜生于耕地、田边、路旁、堆肥场、居民点周围的隙地、果园、疏林下及各种弃耕地或撂荒地，常成片生长，形成单优小居群；海拔 170～3200 m 均可生长。3～4 月份出苗，6～7 月开花，7～8 月成熟，生育期约 120 d。

【危害】与本地植物争夺生存空间，能传播病虫害，入侵草坪影响绿化效果，入侵农田降低农作物产量。

【防治方法】控制引种，加强检疫，加强草坪管理。土壤翻耕是控制其发生的有效措施，于不同时期翻耕或将种子深埋（对菊科的小种子通用）。

【用途】多用作饲料，茎叶为饲养幼鹅的好青饲料；根、花及种子可入药，有清热解毒的功效。茎叶提取物对烟草花叶病毒有抑制作用，可开发为植物源农药。

【原产地】欧洲和北非。

【首次发现时间与引入途径】我国于 1922 年在江苏首次发现，可能随进口种子无意引入。辽宁于 1957 年在大连首次发现；吉林于 1991 年在白山首次发现；黑龙江于 1984 年在大兴安岭地区首次采集到标本。

【传播方式】种子易随风扩散，易混杂在其他植物种子中传播。

【分布区域】在东北主要分布于辽宁沈阳、大连和锦州，吉林白山，黑龙江全省。河北、山西、陕西、甘肃、青海、新疆、山东、江苏、安徽、浙江、江西、福建和台湾等地均有分布。我国大部分地区均为其适生区。

幼株

花序

参 考 文 献

郭良芝. 2006. 青海春油菜田苣荬菜、大刺儿菜等杂草的危害与防除 [J]. 农业与技术，26（2）：122-124

郝建华，吴海荣，强胜. 2009. 部分菊科入侵种子（瘦果）的萌发能力和幼苗建群特性［J］. 生态环境学报，18（5）：1851-1856

邱学林，郭青云，辛存岳，等. 2004. 青海农田苣荬菜、大刺儿菜等多年生杂草发生危害调查报告［J］. 青海农林科技，4：15-18

石青. 2002. 苦苣菜的识别及药用［J］. 安徽医药，6（2）：65

王跃强. 2008. 苦苣菜开发价值与栽培［J］. 北方园艺，（3）：118-119

86　刺毛莴苣 *Lactuca virosa* L.

【异名】*Lactuca seriola* Torner，*Lactuca coriacea* Sch. Bip.，*Lactuca tephrocarpa* K. Koch，*Lactuca dubia* Jord.，*Lactuca scariola* var. *integrata* Gren. & Godr.，*Lactuca scariola* var. *integrifolia*（Bogenh.）G. Beck，*Lactuca integrata*（Gren. & Godr.）A. Nelson

【英文名】prickly lettuce，wild lettuce

【中文别名】毒莴苣、黄花莴苣、锯齿莴苣、指向莴苣

【形态特征】菊科（Asteraceae）一年生或两年生草本。高 0.6～1.8 m，基部具疏松皮刺，于茎中部以上或基部分枝。叶互生；中、下部叶狭倒卵形至长圆形，常羽状深裂，长 3～17 cm，宽 1～7 cm，基部箭形抱茎，顶生叶卵状披针形或披针形，全缘或仅具稀疏的牙齿状刺，叶背面沿中脉有刺毛，刺毛黄色；头状花序多数，于茎顶排列成疏松的大型圆锥状，头状花序具 0.5～3 cm 的长柄，圆柱状或圆锥状，长 1.2～1.5 cm，基部径 0.2～0.4 cm；总苞 3 层，外层苞片宽短，卵形或卵状披针形，向内苞片渐狭为线形，边缘膜质，长度几乎相等，在果实成熟时总苞开展或反折；头状花序由 7～15（35）枚舌状花组成，花冠淡黄色，干后变蓝紫色，每个头状花序产生 6～30 个瘦果。瘦果倒卵形或椭卵形，灰褐色或黄褐色，长 3.2 mm，宽约 1 mm，表面粗糙，两面各具 5～6 条纵棱，棱上具小突起，上部棱及边缘具毛状刺；果顶渐尖延生出 1 条白色长约 4 mm 的喙，喙顶扩展成小圆盘（冠毛着生处），盘中央具褐色点状残基，果基窄，截形，底部具椭圆形果脐，白色，凹陷。种子小而轻，千粒重约 1 g。

【识别要点】叶背面沿中脉有刺毛，刺毛黄色。

【生长习性】多生于路边、铁路边，或废弃地、牧场、果园和耕地；海拔 500～1680 m 均可生长。花期 8～9 月。种子繁殖，每株最大结实量达 5 万粒。

【危害】重要的危险性植物，在我国属进境检疫性杂草。植株内乳汁含有麻醉物质，叶组织中含有莨菪碱以及其他类似的微量物质，可直接毒害家畜。植株高大，是一种高光效植物，易在入侵生境形成优势种群。

【防治方法】种子能够混杂于谷物、豆类及牧草中随之传播，应严格检疫。在果实成熟前人工拔除或铲除；不同时期翻耕或将种子深埋均可防治。

【用途】刺毛莴苣的乳汁和叶含山莴苣素和山莴苣苦素，具有轻度的镇静、止痛和催眠作用。

【原产地】欧洲中部和南部。

【首次发现时间与引入途径】我国于

1980 年在新疆首次发现，可能随引进蔬菜种子混入。辽宁于 1984 年首次发现。

【传播方式】以种子进行繁殖，种子具冠毛，借风力或水流传播；混杂在其他植物种子、水果或牧草中随之传播；黏附在动物皮毛进行传播。

【分布区域】在东北主要分布于辽宁沈阳和大连。新疆、陕西、云南、浙江、江苏等地均有分布。我国大部分地区为其适生区。

幼苗

叶背棘刺

参 考 文 献

郭水良，方芳，倪丽萍，等. 2006. 检疫性杂草毒莴苣的光合特征及其入侵地群落学生态调查［J］. 应用生态学报，17（12）：2316-2320

郭水良，高平磊，娄玉霞. 2011. 应用 MaxEnt 模型预测检疫性杂草毒莴苣在我国的潜分布范围［J］. 上海交通大学学报，29（5）：16-19

韩亚光. 1995. 新侵入辽宁地区的杂草——野莴苣［J］. 沈阳农业大学学报，26（1）：77-78

吴海荣，钟国强，胡佳，等. 2009. 从美国进口芹菜种子中截获大量毒莴苣［J］. 植物检疫，23（2）：37

87 菊苣 *Cichorium intybus* L.

【异名】*Cichorium commune* Pall.，*Cichorium perenne* Stokes，*Cichorium cosnia* Buch.-Ham.

【英文名】chicory

【中文别名】苦苣、卡斯尼、皱叶苦苣、明目菜、咖啡萝卜、咖啡草

【形态特征】菊科（Asteraceae）多年生草本。主根明显，长而粗壮，肉质，侧根发达，水平或斜向分布。茎直立，单生，分枝开展或极开展，全部茎枝绿色，有条棱。叶互生；叶柄长 3～10 cm，几与叶等长；基生叶莲座状，花期生存，倒披针状长椭圆形，茎生叶少数，较小，卵状倒披针形至披针形，基部圆形或戟形，扩大半抱茎，叶质地薄，两面被稀疏的多细胞长节毛，叶长 30～46 cm，宽 8～12 cm，折断后有白色乳汁。头状花序多数，单生或数个集生于茎顶或枝端，或 2～8 个为一组沿花枝排列成穗状花序；总苞圆柱状，长 8～12 mm；总苞片 2 层，外层披针形，长 8～13 mm，宽

2～2.5 mm，上半部绿色，草质，边缘有长缘毛，背面有极稀疏的头状具柄的长腺毛或单毛，下半部淡黄白色，质地坚硬，革质；内层总苞片线状披针形，长达 1.2 cm，宽约 2 mm，下部稍坚硬，上部边缘及背面通常有极稀疏的头状具柄的长腺毛并杂有长单毛。舌状小花蓝色，长约 14 mm，有色斑。瘦果倒卵状、椭圆状或倒楔形，外层瘦果压扁，紧贴内层总苞片，3～5 棱，顶端截形，向下收窄，褐色，有棕黑色色斑。冠毛极短，2～3 层，膜片状，长 0.2～0.3 mm。

【识别要点】茎直立，有棱，中空，多分枝。叶互生，长倒披针形。头状花序多数，单生或数个集生于茎顶或枝端，或 2～8 个为一组沿花枝排列成穗状花序，花冠舌状，花色青蓝。

【生长习性】耐寒、耐旱，喜生于阳光充足的田边、山坡等地；海拔 0～2000 m 均可生长。花期 8～9 月，生长期 9～10 月。

【危害】菊苣为潜在的恶性杂草。鳞球茎茎线虫（*Ditylenchus dipsaci*）、菊细菌性软腐病菌（*Erwinia chrysanthemi*）、番茄环斑病毒（tobacco spot nepovirus，ToRSV）、美洲斑潜蝇（*Liriomyza sativae*）等检疫有害生物可随菊苣种苗传播。

【防治方法】控制引种。

【用途】菊苣为药食两用植物，叶可生吃；全株入药，具有清热解毒、利尿消肿、健胃等功效，还可作为饲料和制糖原料。

【原产地】地中海地区、亚洲中部和北非。

【首次发现时间】我国最早于 1951 年在辽宁大连采集到标本。吉林于 2008 年在白山临江首次发现；黑龙江于 1952 年在双鸭山饶河县采集到标本。

【传播方式】随农副产品传播，种子随风传播。

【分布区域】在东北主要分布于辽宁沈阳、大连和本溪，吉林通化和白山，黑龙江双鸭山。北京、山西、陕西、新疆和江西均有分布。全国各地均为其适生区。

花序　　　　　　植株

参 考 文 献

傅海科. 2007. 引进菊苣的有害生物风险分析［D］. 南京：南京农业大学硕士学位论文

林辰壹，耿文娟，谢军，等. 2005. 油麦菜与莴苣、菊苣的生物学特性比较［J］. 园艺学进展（第七辑）：353-357

刘亚梅. 2004. 菊苣的特点及栽培技术［J］. 牧草与饲料，（1）：36

夏道伦. 2004. 高产优质饲草菊苣的栽培与利用技术［J］. 牧草与饲料，（6）：50

胥学峰. 2001. 菊苣及栽培［J］. 牧草与饲料，（7）：23

88 牛膝菊 *Galinsoga parviflora* Cav.

【异名】*Wiborgia parviflora*（Cav.）Kunth

【英文名】smallflower galinsoga

【中文别名】辣子草、小米菊

【形态特征】菊科（Asteraceae）一年生草本。茎直立，高 10～80 cm，不分枝或自基部分枝，分枝斜升，全部茎枝被疏散或上部稠密地贴伏短柔毛和少量腺毛，茎基部和中部花期脱毛或稀毛。单叶对生，叶柄长 1～2 cm；叶片卵形或长椭圆状卵形，长（1.5）2.5～5.5 cm，宽 1.2～3.5 cm，基部圆形、宽或狭楔形，顶端渐尖或钝，向上及花序下部的叶渐小，通常披针形；全部茎叶两面粗涩，被白色稀疏贴伏的短柔毛，沿脉和叶柄上的毛较密，边缘浅或钝锯齿或波状浅锯齿，在花序下部的叶有时全缘或近全缘；基出三脉或不明显五出脉，在叶下面稍突起，在叶上面平。头状花序半球形，有长花梗，多数在茎枝顶端排成疏松的伞房花序，花序径约 3 cm。总苞半球形或宽钟状，宽 3～6 mm；总苞片 1～2 层，约 5 个，外层短，内层卵形或卵圆形，长 3 mm，顶端圆钝，白色，膜质。舌状花 4～5 个，白色，1 层，雌性，顶端 3 齿裂；管状花两性，花冠长约 1 mm，黄色，下部被稠密的白色短柔毛；托片倒披针形或长倒披针形，纸质，顶端 3 裂或不裂或侧裂。瘦果长 1～1.5 mm，3 棱或中央的瘦果 4～5 棱，黑色或黑褐色，常压扁，被白色微毛。

【识别要点】茎直立或分枝斜伸。单叶对生，边缘具浅或钝锯齿。头状花序直径 3～6 mm，舌状花 4～5 个，舌片白色。

【生长习性】生于山坡、河谷、疏林、旷野、河岸、田间、路旁果园及蔬菜地等，适应能力强，发生量大；生长于海岸附近到海拔 3700 m 的生境。种子产量高，在沈阳地区于 4 月下旬萌发，5 月中旬开花，花果期 5～10 月。

【危害】繁殖能力强，在裸地或林下可形成群落，主要危害道路、果园、宅院及小麦、玉米、棉花、烟草等作物，营养生长迅速，使其成为农田中的一种恶性杂草。

【防治方法】严格检疫，防止传播。前期种植、覆盖作物秆等能显著降低其出苗率。结合 6～7 月的中耕除草，人工拔除应在开花前进行。化学防治主要用 2,4-D、乙草胺等。胶孢炭疽菌（*Colletotrichum gloeosporioides*）可作为致病因子使其发病，大叶蝉科（Cicadellidae）和蚜科（Aphididae）昆虫取食牛膝菊，可利用其进行生物防治。

【用途】在我国西南地区广泛用作饲料、野生蔬菜和草药。从植株内提取的挥发性物质对革兰氏阳性菌金黄色酿脓葡萄球菌（*Straphylococcus aureus*）和蜡样芽孢杆菌

（*Bacillus cereus*）具有强烈的抑制作用。

及动物迁徙和人类活动等传播。

【原产地】中美洲。

【首次发现时间与引入途径】我国于1914年在云南剑川县发现，随货物运输无意传入。辽宁于1964年在大连发现；黑龙江于1936年在哈尔滨采集到标本。

【传播方式】种子带毛，易随水流、风

【分布区域】在东北各地均有分布。内蒙古、天津、陕西、西藏、四川、贵州、云南、山西、河北、山东、河南、安徽、江苏、湖北、湖南、江西、浙江、福建、广西和台湾等地均有分布。我国除西北地区外，大部分地区为其适生区。

花序　　植株

参 考 文 献

李康，郑宝江. 2010. 外来入侵植物牛膝菊的入侵性研究［J］. 山西大同大学学报（自然科学版），26（2）：69-71

齐淑艳，徐文铎，文言. 2006. 外来入侵植物牛膝菊种群构建生物量结构［J］. 应用生态学报，17（12）：2283-2286

齐淑艳，徐文铎. 2006. 辽宁外来入侵植物种类组成与分布特征的研究［J］. 辽宁林业科技，（3）：11-15

汤东生，董玉梅，陶波，等. 2012. 入侵牛膝菊属植物的研究进展［J］. 植物检疫，26（4）：51-55

万方浩，刘全儒，谢明. 2012. 生物入侵：中国外来入侵植物图鉴［M］. 北京：科学出版社

张淑梅，韩全忠. 1997. 大连地区外来植物的初步研究［J］. 辽宁师范大学学报，20（4），323-330

Canne JM. 1977. A revision of the genus *Galinsoga*（Compositae：Heliantheae）［J］. Rhodora, 79（819）：319，389

Damalas CA．2008．Distribution，biology，and agricultural importance of *Galinsoga parviflora*（Aster-aceae）［J］．Weed Biology and Management，8（3）：147-153

Warwick SI，Sweet RD．1983．The biology of Canadian weeds：58．*Galinsoga parviflora* and *G. quadriradiata*（=*G. ciliata*）［J］．Canadian Journal of Plant Science，63（3）：695-709

89 粗毛牛膝菊 *Galinsoga quadriradiata* Ruiz et Pav.

【异名】*Adventina ciliata* Rafinesque，*Galinsoga ciliata*（Rafinesque）S. F. Blake.

【英文名】shaggy soldier

【中文别名】粗毛小米菊

【形态特征】菊科（Asteraceae）一年生草本。茎直立，高10～80 cm，有分枝，近地的茎及茎节均可长出不定根；茎密被开展的长柔毛，而茎顶和花序轴被少量腺毛。叶对生，卵形或长椭圆状卵形，长2.5～5.5 cm，宽1.2～3.5 cm，基部圆形宽或狭楔形，顶端渐尖或钝，具基出三脉或不明显的五脉；叶两面被长柔毛，边缘有粗锯齿或犬齿。头状花序半球形，花序梗的毛长约0.5 mm，多数在茎枝顶端排成疏松的伞房花序；总苞半球形或宽钟状，2层，外层苞片绿色，长椭圆形，背面密被腺毛；内层苞片近膜质。舌状花5朵，雌性，舌片白色，顶端3齿裂，筒部细管状，外面被稠密白色短毛；管状花黄色，两性，顶端5齿裂，冠毛先端具钻形尖头，短于花冠筒。花托圆锥形；托片膜质，披针形，边缘具不等长纤毛。瘦果黑色或黑褐色，常压扁，被白色微毛。

【识别要点】与牛膝菊相似，茎直立，密被开展的长柔毛，茎顶和花序轴被少量腺毛。叶对生，两面被长柔毛，边缘有粗锯齿或犬齿。

【生长习性】与牛膝菊相似，常混生，生于山坡、河谷、疏林、旷野、河岸、田间、路旁果园及蔬菜地等；海拔100～2200 m均可分布。种子产量高，花果期5～10月，边开花边结果。

【危害】常与牛膝菊混生危害果园、宅院及小麦、玉米、棉花和烟草等作物。

【防治方法】严格检疫，控制种子传播。前期种植覆盖作物可使其生物量和种子产量减少90%以上；人工拔除应在开花结实前进行；出土之前使用1.7～2.2 kg/hm^{2}草甘膦可有效防治，用2, 4-D处理比牛膝菊更敏感。胶孢炭疽菌可作为致病因子使其发病；也可用大叶蝉科和蚜科等昆虫进行生物防治。

【用途】与牛膝菊的用途相似，在我国西南地区广泛用作饲料、野生蔬菜和草药。从中提取的挥发性物质对革兰氏阳性菌金黄色酿脓葡萄球菌和蜡样芽孢杆菌具有强烈的抑制作用。

【原产地】墨西哥中部。

【首次发现时间】我国于1943年在四川成都采集到标本。辽宁于2003年在沈阳采集到标本；吉林于2012年在长春首次发现。

【传播方式】种子带毛，易随水流、风及动物迁徙和人类活动等传播。

【分布区域】在东北主要分布于辽宁沈阳、大连、鞍山和辽阳，吉林长春，黑龙江哈尔滨和大兴安岭。江西、安徽、江苏、上海、浙江、山东、四川、陕西、北京、台湾、贵州和云南等地均有分布。我国除西北地区外，大部分地区为其适生区。

花序

植株

参 考 文 献

昌恩梓，齐淑艳，孔令群，等. 2012. 牛膝菊属两种外来入侵植物叶片的形态解剖结构比较研究 [J].
　　东北师大学报（自然科学版），44（4）：108-113

齐淑艳，昌恩梓，江丕文，等. 2012. 吉林 1 种新记录入侵植物粗毛牛膝菊 [J]. 广东农业科学，23：
　　178，182

齐淑艳，徐文铎. 2008. 外来入侵植物粗毛牛膝菊在辽宁地区的新发现 [J]. 辽宁林业科技，（4）：20-21

汤东生，董玉梅，陶波，等. 2012. 入侵牛膝菊属植物的研究进展 [J]. 植物检疫，26（4）：51-55

田陌，张峰，王璐，等. 2011. 入侵物种粗毛牛膝菊（*Galinsoga quadriradiata*）在秦岭地区的生态适应
　　性 [J]. 陕西师范大学学报（自然科学版），39（5）：71-75

郑宝江，潘磊. 2012. 黑龙江省外来入侵植物的种类组成 [J]. 生物多样性，20（2）：231-234

Canne JM. 1977. A revision of the genus *Galinsoga*（Compositae：Heliantheae）[J]. Rhodora，79（819）：
　　319-389

Warwick SI，Sweet RD. 1983. The biology of canadian weeds：58. *Galinsoga parviflora* and *G.*
　　quadriradiata（= *G. ciliata*）[J]. Canadian Journal of Plant Science，63（3）：695-709

90　豚草 *Ambrosia artemisiifolia* L.

【异名】*Ambrosia elatior* L.，*Ambrosia artemisiifolia* L. var. *elatior*（L.）Descourt.

【英文名】common ragweed，bitterweed，blackweed，hay-fever weed

【中文别名】普通豚草、艾叶破布草

【形态特征】菊科（Asteraceae）一年生草本。茎直立，高 20～150 cm，上部有圆锥状分枝，有棱。下部叶对生，具短叶柄，

二至三回羽状分裂，裂片狭小，长圆形至倒披针形，全缘，有明显的中脉，上面深绿色，被细短伏毛或近无毛，背面灰绿色，被密短糙毛；上部叶互生，无柄，羽状分裂。雄头状花序半球形或卵形，径 4~5 mm，具短梗，下垂，在枝端密集成总状花序；总苞宽半球形或碟形；总苞片全部结合，无肋，边缘具波状圆齿，稍被糙伏毛；花托具刚毛状托片；每个头状花序有 10~15 个不育的小花；花冠淡黄色，长 2 mm，有短管部，上部钟状，有宽裂片；花药卵圆形；花柱不分裂，顶端膨大成画笔状。雌头状花序无花序梗，在雄头状花序下面或在下部叶腋单生，或 2~3 个密集成团伞状，有 1 个无被能育的雌花，总苞闭合，具结合的总苞片，倒卵形或卵状长圆形，长 4~5 mm，宽约 2 mm，顶端有围裹花柱的圆锥状嘴部，在顶部以下有 4~6 个尖刺，稍被糙毛；花柱 2 深裂，丝状，伸出总苞的嘴部。瘦果倒卵形，长 4~5 mm，宽约 2 mm，顶端具尖喙，近顶部具 5~8 钝刺，褐色有光泽，果皮坚硬，骨质，全部包被于倒卵形的总苞内。

【识别要点】茎下部叶对生，上部互生，二至三回羽状分裂成条状。头状花序单性，雄花在上。瘦果褐色倒卵形，顶端尖锐，周围具 5~8 钝刺。

【生长习性】主要分布在路旁、水沟旁、荒地、河岸、田块周围或农田、菜地、果园、林地、风景旅游区、山地、草场和院落等地，竞争能力强，在适宜环境形成单优种群落；在海拔低于 1000 m 的生境适合生长。种子产量高，单株产量最高可达 12 000 粒；北方 5 月出苗，7~8 月开花，8~9 月结实。种子具有休眠特征，低温层积可打破休眠。

【危害】重要的危害杂草，是我国进境植物检疫危险性杂草，是我国进境植物检疫潜在危险性细菌葡萄皮尔斯病菌木质部难养菌（*Xylella fastidiosa*）的寄主之一。豚草严重危害人类健康和农业生产，具有极强的繁殖能力和环境适应能力，种子产量大；危害农作物如玉米、大豆、麻类等，使其大量减产；能够传播植物病虫害；花粉引起人类过敏（花粉症），对人体危害大；植株释放化感物质，抑制和排斥农作物和本地植物的生长。

【防治方法】严格检疫，杜绝种子肆意传播；可采用当地灌木或多年生草坪替代种植；人工割除应在开花之前；化学防治可用 10% 草甘膦、10% 草除灵、48% 百草敌、40% 乙烯利等进行有效控制；利用豚草卷蛾（*Epiblema strenuana*）和广聚萤叶甲（*Ophraella communa*）生物防治效果明显，能降低种群密度，抑制其蔓延。

【原产地】美国西南部和墨西哥北部的索诺兰沙漠地区。

【首次发现时间】我国于 1935 年在杭州首次发现。辽宁于 1970 年在铁岭采集到标本；黑龙江于 1977 年在牡丹江采集到标本。

【传播方式】种子随进口粮食和货物运输等传播；鸟类、食草动物的活动及水流使种子传播蔓延。

【分布区域】在东北主要分布于辽宁各地，吉林大部分地区，黑龙江哈尔滨、牡丹江、七台河、大庆和鹤岗。北京、内蒙古、西藏、四川、贵州、云南、河北、山东、河南、安徽、江苏、上海、湖北、湖南、江西、浙江、福建、广东和广西等地均有分布。我国中东部海拔低于 1000 m 的地区均为其适生区。

群落

幼苗

雄花序

参 考 文 献

崔良刚，史殿军，程义美，等．2004．豚草的调查与研究［J］．植物保护，（12）：20-21

邓旭，王娟，谭济才．2010．外来入侵种豚草对不同环境胁迫的生理响应［J］．植物生理学通报，
　　46（10）：1013-1019

段惠萍，陈碧莲．2000．豚草生物学特性、为害习性及防除策略［J］．上海农业学报，16（3）：73-77

黄宝华．1985．豚草在国内的分布及危害调查［J］．植物检疫，（1）：62-65

康芬芬，魏亚东，杨菲，等．2010．不同处理对豚草种子休眠与萌发的影响［J］．植物检疫，24（6）：
　　14-16

李宏科，李萌，李丹．1998．豚草及其防治概况［J］．世界农业，8：40-41

齐淑艳，徐文铎. 2006. 辽宁外来入侵植物种类组成与分布特征的研究［J］. 辽宁林业科技，（3）：
11-15

曲波，吕国忠，杨红，等. 2006. 辽宁省外来入侵有害植物初报［J］. 辽宁农业科学，（4）：22-25

王洪林，王芝恩，凌帅. 2010. 浅析辽宁中部地区豚草分布及防控策略［J］. 辽宁林业科技，（4）：39-40，54

王延松，万忠成，王姝，等. 2006. 辽宁省主要外来入侵物种及控制对策［C］. 中国环境科学学会学
术年会优秀论文集，3438-3443

杨毅，郭文源. 1990. pH 对豚草萌发和营养生长的影响［J］. 湖北大学学报（自然科学版），12（4）：
350-352

曾珂，朱玉琼，刘家熙. 2010. 豚草属植物研究进展［J］. 草业学报，19（4）：212-219

张淑梅，韩全忠. 1997. 大连地区外来植物的初步研究［J］. 辽宁师范大学学报，20（4）：323-330

Csontos P，Vitalos M，Barina Z，et al. 2010. Early distribution and spread of *Ambrosia artemisiifolia* in
central and eastern Europe［J］. Botanica Helvetica，120（1）：75-78

Leiblein MC，Lösch R. 2011. Biomass development and CO_2 gas exchange of *Ambrosia artemisiifolia* L.
under different soil moisture conditions［J］. Flora，206（5）：511-516

91　三裂叶豚草 *Ambrosia trifida* L.

【异名】*Ambrosia aptera* DC.

【英文名】giant ragweed

【中文别名】大破布草

【形态特征】菊科（Asteraceae）一年生草本。茎直立，高 50～350 mm，有分枝，被短糙毛，有时近无毛。单叶对生，有时互生，具叶柄，长 2～9 cm，被短糙毛，基部膨大，边缘有窄翅，被长缘毛。下部叶 3～5 裂，上部叶 3 裂或有时不裂，裂片卵状披针形或披针形，顶端急尖或渐尖，边缘有锐锯齿，上面深绿色，背面灰绿色，粗糙，两面被短糙伏毛；基出三脉。雄头状花序多数，圆形，径约 5 mm，有长 2～3 mm 的细花序梗，下垂，在枝端密集成总状花序；总苞浅碟形，绿色；总苞片结合，外面有 3 肋，边缘有圆齿，被疏短糙毛；每个头状花序有 20～25 朵不育的小花；小花黄色，长 1～2 mm，花冠钟形，上端 5 裂，外面有 5 条紫色条纹；花药离生，卵圆形；花柱不分裂，顶端膨大，呈画笔状。雌头状花序在雄头状花序下面的叶状苞叶的腋部聚作团伞状，具一无被能育的雌花；总苞倒卵形，长 6～8 mm，宽 4～5 mm，顶端具圆锥状短嘴，嘴部以下有 5～7 肋，每肋顶端有瘤或尖刺，无毛，花柱 2 深裂，丝状，向上伸出总苞的嘴部之外。瘦果倒卵形，无毛，顶端具圆锥状喙，近顶部具 5～7 钝刺，果皮灰褐色至黑色，藏于坚硬的总苞中。

【识别要点】高大直立草本，中下部叶对生，掌状 3～5 深裂。雄头状花序作总状花序排于枝顶，雌头状花序生于雄花序下方叶腋内。瘦果倒卵形具棱和钝刺，被总苞包被。

【生长习性】沿铁路、公路、河流、水渠等分布，常生长于农田、果园、菜园及住宅周围等；竞争能力强，常形成单优种群落。在我国常生长于东北平原和长江中下游

地区。花期7～8月，果期8～9月，主要靠风媒传粉，种子产量能达5000粒；种子春季萌发，休眠程度随生育地的纬度不同而变化，低温层积8～12周萌发率达95%。

【危害】重要的危险性植物，是我国进境植物检疫危险性杂草。竞争能力强，通过化感作用降低本地物种多样性；危害小麦、大麦、大豆、玉米等农作物；遮盖和压抑作物，影响农事操作，降低作物产量。花粉引起人体过敏、哮喘等症状。

【防治方法】加强检疫，控制种子传播。人工割除应在开花结实之前进行；化学防治可用10%草甘膦、10%草除灵、48%百草敌和40%乙烯利等进行有效控制；苍耳柄锈菌三裂叶豚草专化型（简称豚草锈菌）（*Puccinia xanthii* f. sp. *ambrosiaetrifidae*）对三裂叶豚草的生长有抑制作用；利用植物替代进行防控效果较好。

【用途】幼苗期茎叶可供饲用。

【原产地】美国西南部和墨西哥北部的索诺兰沙漠地区。

【首次发现时间】我国最早于1949年在沈阳采集到标本。黑龙江于1950年在哈尔滨采集到标本。

【传播方式】种子随着粮食的调运、交通运输进行传播，鸟类、食草动物和水流等也是其传播媒介。

【分布区域】在东北主要分布于辽宁各地，吉林大部分地区，黑龙江哈尔滨和牡丹江。江苏、江西、湖南、河北、内蒙古、浙江、北京、四川、山东和新疆等地均有分布。我国大部分地区为其适生区。

群落

幼苗

雄花序

参 考 文 献

关广清，高东昌，崔宏基，等. 1983. 辽宁省两种豚草的考察初报 [J]. 植物检疫，27：16-18

关广清. 1990. 三裂叶豚草及其三种变型 [J]. 植物检疫，4（2）：139-143

姜传明，曲秀春，刘祥君. 1999. 三裂叶豚草的分布、危害和传播特点 [J]. 牡丹江师范学院学报，
（2）：23-24

李建东，孙备，王国骄，等. 2006. 菊芋对三裂叶豚草叶片光合特性的竞争机理 [J]. 沈阳农业大学学
报，37（4）：569-572

齐淑艳，徐文铎. 2006. 辽宁外来入侵植物种类组成与分布特征的研究 [J]. 辽宁林业科技，（3）：11-15

曲波，吕国忠，杨红，等. 2006. 辽宁省外来入侵有害植物初报 [J]. 辽宁农业科学，（4）：22-25

万方浩，刘全儒，谢明. 2012. 生物入侵：中国外来入侵植物图鉴 [M]. 北京：科学出版社

王延松，万忠成，王姝，等. 2006. 辽宁省主要外来入侵物种及控制对策 [C]. 中国环境科学学会学
术年会优秀论文集，3438-3443

王志西，刘祥君，高亦珂，等. 1999. 豚草和三裂叶豚草种子休眠规律研究 [J]. 植物研究，19（2）：
159-164

殷萍萍，李建东，殷红，等. 2010. 不同生境三裂叶豚草生长及生态位特征 [J]. 西南农业学报，
23（2）：565-569

张淑梅，韩全忠. 1997. 大连地区外来植物的初步研究 [J]. 辽宁师范大学学报，20（4）：323-330

Bassett IJ, Crompton CW. 1982. The biology of Canadian weed. 55: *Ambrosia trifida* L. [J]. Canadian
Journal of Plant Science，62（4）：1003-1010

92　大狼杷草 *Bidens frondosa* Buch.-Ham. ex Hook.f.

【异名】*Bidens melanocarpa* Wiegand，
Bidens frondosa var. *anomala*，*Bidens frondosa*
var. *caudata* Sherff

【英文名】evil's beggarticks

【中文别名】接力草、外国脱力草

【形态特征】菊科（Asteraceae）一年生
草本。茎直立，高可达 1.5 m，或更高，茎
略呈四棱形，上部多分枝，常带紫色；幼时
节及节间分别被长柔毛及短柔毛。叶对生，
具叶柄；叶片奇数羽状复叶，小叶 3～5 枚，
茎中下部复叶基部的小叶又常 3 裂，小叶长
3～9.5 cm，宽 1～3 cm，基部楔形或偏斜，

顶端具尾尖，边缘具粗锯齿，叶背被稀疏短柔毛。雌雄同株，头状花序单生于枝顶，总苞半球形，外层总苞片7～12，倒披针线形或长圆状线形，长1～2 cm，叶状；花序全为管状两性花；花柱2裂。瘦果楔形、扁楔形，稍有4棱，长0.5～0.9 cm，顶部宽2.1～2.3 mm，被糙伏毛，顶端芒刺2，长3～3.5 mm，芒刺上有倒刺毛；中央瘦果比边缘瘦果长，颜色较浅。

【识别要点】小叶3～5枚，边缘粗锯齿，茎中下部复叶基部的小叶又常3裂。头状花序单生于枝顶。瘦果顶端具2芒刺。

【生长习性】适应性强，主要生长于荒地、路边、沟边、低洼水湿处及缺水稻田里；海拔2100 m以下均可生长。大狼杷草能产生大量种子，单个头状花序种子多达60粒；花期7～8月，果期9～10月；种子有休眠，经层积13周，在20～25℃下3 d后全部萌发。

【危害】北方较严重的入侵植物之一，适应性强，入侵玉米地、小麦地、荒地、路沿、缺水稻田等；对本地植物和农作物产生化感抑制作用。

【防治方法】加强检疫和管理，减少种子传播。人工拔除在开花结实前进行；二氯苯氧氯酚对其种子萌发有明显抑制作用，使它隆、二甲四氯和草甘膦等除草剂对大狼杷草有较好的防治作用。

【用途】植株有较强的富集镉元素的能力；提取物化感作用强，有较高的抗菌和抗氧化活性。

【原产地】北美洲。

【首次发现时间】我国于1926年在江苏采集到标本。辽宁于1984年在丹东宽甸满族自治县采集到标本。

【传播方式】种子带刺，易于附着，主要由人类活动（如旅游携带、粮食调运、交通工具携带等）、动物迁徙和水流等作为媒介传播。

【分布区域】在东北主要分布于辽宁全省，吉林通化、白山和延边。北京、河北、安徽、江苏、浙江、上海、湖南和广西等地均有分布。我国大部分地区为其适生区。

植株

果实

参 考 文 献

齐淑艳，徐文铎. 2006. 辽宁外来入侵植物种类组成与分布特征的研究［J］. 辽宁林业科技，（3）：11-15

曲波，吕国忠，杨红，等. 2006. 辽宁省外来入侵有害植物初报［J］. 辽宁农业科学，（4）：22-25

万方浩，刘全儒，谢明. 2012. 生物入侵：中国外来入侵植物图鉴［M］. 北京：科学出版社王延松，万忠成，王姝，等. 2006. 辽宁省主要外来入侵物种及控制对策［C］. 中国环境科学学会学术年会优秀论文集，3438-3443

张淑梅，韩全忠. 1997. 大连地区外来植物的初步研究［J］. 辽宁师范大学学报，20（4）：323-330

93　串叶松香草 *Silphium perfoliatum* L.

【英文名】cup plant

【中文别名】松香草、菊花草、杯草、法国香槟草

【形态特征】菊科（Asteraceae）多年生宿根草本。根系由根状茎和营养根组成，根状茎肥大、粗壮，水平状多节。茎由头一年根状茎上形成的芽发育而成，直立，高200～300 cm，4棱，呈正方形或菱形，上部分枝。叶对生，叶长椭圆形，先端急尖，下部叶基部渐狭成柄，叶面皱缩，稍粗糙，叶缘有缺刻，成锯齿状。头状花序在茎顶端呈伞房状，花盘直径5～7.5 cm，总苞苞片数层，覆瓦状排列；舌状花黄色，2～3轮，舌片先端具3齿，能育；管状花黄色，两性，不育。瘦果倒卵形，扁平，褐色，边缘有翅。

【识别要点】多年生草本，植株高大。叶对生，叶面卷缩，边缘锯齿状。头状花序的舌状花黄色，2～3轮，管状花黄色。

【生长习性】耐高温，在夏季40℃条件下能正常生长，也极耐寒，在冬季－38℃下可越冬，耐水淹，生长于肥沃、湿润的环境。一般生长第二年的6～7月现蕾，8～9月种子成熟。种子不需要休眠，春、秋季均可播种。

【危害】植株高大，生长迅速，与其他植物竞争营养。

【防治方法】控制引种。

【用途】营养价值高，作为牧草引入。

【原产地】美国、加拿大中部和东部的高山草原。

【首次发现时间与引入途径】我国最早于1946年在江西庐山发现有栽培，1979年由北京植物园再次从朝鲜平壤中央植物园引入。辽宁于1985年在沈阳开始栽培；吉林于1982年在长春有栽培；黑龙江于1985年在牡丹江宁安有栽培。

【传播方式】种子和根状茎引种传播。

【分布区域】在东北主要分布于辽宁沈阳、大连和朝阳，吉林通化，黑龙江哈尔滨和牡丹江。我国各地均有栽种。东北、华北及西北大部分地区为其适生区。

幼株

植株

花序

参 考 文 献

刘仕平，张玲琪，魏蓉城，等．2003．串叶松香草水分代谢初步研究［J］．云南农业科技，（2）：18-20

时永杰，侯彩云，张志学．1998．串叶松香草的引种研究［J］．中国草地，4：14-16

宋金昌，范莉，宋瑜，等．2005．串叶松香草生产性能及养分含量的探讨［J］．中国畜牧杂志，
　41（11）：43-45

孙体荣，苏红．1993．串叶松香草生长特性及栽培技术［J］．草业科学，10（4）：15-17

谭兴和，甘霖，秦丹，等．2003．串叶松香草营养成分及其营养价值分析［J］．保鲜与加工，（2）：
　10-12

田晋梅，谢海军．1999．串叶松香草的栽培特点与利用［J］．河南科学，17：136-139

Kowalski R，Wolski T．2005．The chemical composition of essential oils of *Silphium perfoliatum* L.［J］.
　Flavour and Fragrance Journal，20（3）：306-310

94　长喙婆罗门参 *Tragopogon dubius* Scop.

【异名】*Tragopogon tauricus* Klokov，*Tragopogon majus* Jacq.，*Tragopogon livescens* Besser

【英文名】yellow salsify，western salsify，goat's beard

【中文别名】霜毛婆罗门参、可疑婆罗门参

【形态特征】菊 科（Asteraceae） 一 年生或二年生草本，肉质直根系。茎直立，高20～60 cm，有时高达1 m；茎单一或分枝，具细条纹，无毛。叶互生，基部叶丛生，下部及中部叶披针形或线条形，长8～20 cm，宽6～18 mm，基部扩展，半抱茎；上部叶较短，顶端渐尖。头状花序直径4～6 cm，花序梗长，花序下端增粗，总苞2层13片，披针形，与叶同色，长4.5～7 cm，较舌状花长；舌状花淡黄色，外层较长，先端具5小齿。瘦果长圆形，长2～3 cm，稍弯，淡黄褐色，具纵肋，上被鳞片状小疣，具长喙；冠毛丛生分枝羽状，污白色或带黄色，长2.5 cm。

【识别要点】叶互生，基部及中部叶披针形或线形，上部叶较短，叶顶端渐尖。苞片披针形长于舌状花，舌状花黄色。瘦果具喙，丛生冠毛。

【生长习性】生于湿润或干旱的沙地、黏土及肥沃的壤土。花期5～8月，果期6～9月。种子繁殖。

【危害】在辽宁成为逸生种，危害当地生物多样性。

【防治方法】加强检疫，控制种子传播；开花结实前连根铲除。

【原产地】欧洲中部、南部及西亚。

【首次发现时间与引入途径】我国于1930年在辽宁大连采集到标本，随进口货物无意引进。

【传播方式】以果实靠风力传播，或混杂在其他植物种子中传播。

【分布区域】在东北主要分布于辽宁沈阳、大连、鞍山和辽阳。我国东北、华北和西北地区均为其适生区。

群落

花序

参 考 文 献

吕玉峰，张劲林，边勇，等. 2013. 华北入侵杂草新记录长喙婆罗门参［J］. 北京农学院学报，（4）：3-4

万方浩，刘全儒，谢明. 2012. 生物入侵：中国外来入侵植物图鉴［M］. 北京：科学出版社

张淑梅，韩全忠. 1997. 大连地区外来植物的初步研究［J］. 辽宁师范大学学报，20（4）：323-330

95　欧洲千里光 *Senecio vulgaris* L.

【异名】*Senecio vulgari-humilis* Batt. & Trab.

【英文名】common groundsel，old-man-in-the-spring

【中文别名】白顶草、北千里光、欧洲狗舌草、普通千里光、欧洲黄菀

【形态特征】菊科（Asteraceae）一年生草本。茎直立，高20～40 cm，多分枝，被微柔毛或近无毛，稍肉质。叶互生，基生叶倒卵状匙形，有浅齿；茎生叶长圆形，羽状浅裂或深裂，边缘有浅齿，顶端钝或圆形，基部常扩大而抱茎，近无毛，长3～11 cm，宽0.5～2 cm，上部叶渐小，有齿或全缘，条形。头状花序多数，在茎和枝端排列成伞房状；总花梗细长，基部有少数条形苞叶；总苞近钟状，长达8 mm，宽约4 mm；总苞片达22，条形，顶端细尖，边缘膜质，外有数个条形苞叶；花管状，多数，黄色。瘦果圆柱形，长达3 mm，有纵沟，被微短毛；冠毛白色，长约5 mm。

【识别要点】植株稍带肉质。基生叶倒卵状匙形，茎生叶长圆形，羽状浅裂至深裂。头状花序全为管状花，黄色。

【生长习性】生长于山坡、草地、路旁、农田及果园等潮湿环境；海拔300～2300 m均可生长。种子繁殖，易于扩散，花果期4～10月。种子具有休眠特性，原产地种群种子在15℃可长期贮藏，短时间低温层积、流水冲洗、赤霉酸处理和破除种皮与果皮等方式能打破休眠。

【危害】主要危害油菜等夏收作物、果园、茶园和草坪。

【防治方法】加强检疫；开花前人工拔除；防治其他杂草的常用阔叶类除草剂可用于防除该植物，有证据表明其对三氮氯苯类除草剂具有抗性。

【用途】植株含酚酸、黄酮类等抗炎、抗菌物质。

【原产地】欧洲和北非。

【首次发现时间】19世纪引入我国东北。

【传播方式】种子借风力、水流及动物

迁徙和人类活动等传播。

【分布区域】在东北主要分布于辽宁各地，吉林各地，黑龙江大兴安岭、绥化、肇东、鸡西和齐齐哈尔。内蒙古、新疆、西藏、四川、重庆、陕西、贵州、云南、山西、河北、安徽、江苏、上海、湖北、浙江、江西、福建、台湾和香港均有分布。我国大部分地区为其适生区。

植株　　花序

参 考 文 献

刘永衡，张自萍，王永利. 2010. 欧洲千里光化学成分的研究［J］. 中草药，41（10）：1608-1612

任祝三，阿伯特·利查德. 1992. 欧洲千里光种子休眠与萌发特性的研究［J］. 云南植物研究，14（1）：80-86

96 钻叶紫菀 *Aster subulatus* Michx.

【异名】*Chrysocoma linifolia* Steud., *Aster flexicaulis* Raf., *Aster subulatus* var. *euroauster* Fernald & Griscom

【英文名】shrub aster，wild aster，bushy starwort，eastern annual saltmarsh aster

【中文别名】土柴胡、剪刀菜、燕尾菜、钻形紫菀

【形态特征】菊科（Asteraceae）一年生草本。茎直立，高 25～100 cm，有条棱，稍肉质，上部略分枝。叶互生，基生叶倒披针形，花后凋落；茎中部叶线状披针形，长 6～10 cm，宽 5～10 mm，主脉明显，侧脉不显著，无叶柄；上部叶渐窄，全缘，无叶柄，无毛。头状花序在茎顶端排列成圆锥状，总苞钟状，总苞片 3～4 层，外层较短，内层较长，线状钻形，边缘膜质，无毛；舌状花细狭，淡红色，长与冠毛相等或稍长，管状花多数，花冠短于冠毛。瘦果长圆形或椭圆形，长 1.5～2.5 mm，有 5 纵棱；冠毛淡褐色，长 3～4 mm。

【识别要点】茎直立。叶披针形或线形。头状花序直径约 1 cm，舌状花淡红色。

【生长习性】常沿河岸、沟边、洼地、路边、海岸等生长，在潮湿生境中形成优势种群。9～11 月开花结果，种子产量大。

【危害】常入侵农田危害农作物，在浅水湿地形成优势种群，影响湿地生态系统，对油菜和小麦等作物产生抑制作用。

【防治方法】加强管理，控制种子传播；开花前拔除。

【用途】茎叶提取物具有抗烟草花叶病毒活性，具有开发为植物源农药的潜在价值。

【原产地】加拿大东部、美国和墨西哥。

【首次发现时间】我国最早于1921年在浙江采集到标本。辽宁于2007年在大连老铁山采集到标本。

【传播方式】种子具冠毛，主要靠风力传播。

【分布区域】在东北仅辽宁大连有分布。河南、安徽、江苏、山东、浙江、江西、云南、贵州、四川、湖北、重庆、广东、广西、福建、台湾和海南等地均有分布。我国大部分地区为其适生区。

植株

花序

参 考 文 献

潘玉梅，唐赛春，岑艳喜，等. 2010. 钻形紫菀开花期种群构件的生物量分配 [J]. 热带亚热带植物学报，18（2）：176-181

万方浩，刘全儒，谢明. 2012. 生物入侵：中国外来入侵植物图鉴 [M]. 北京：科学出版社

许桂芳，刘艳侠. 2006. 钻形紫菀化感作用及危害评价 [J]. 安徽农业科学，34（16）：4032-4033

曾宪锋，邱贺媛，齐淑艳，等. 2012. 环渤海地区1新纪录入侵植物——钻形紫菀 [J]. 广东农业科学，（24）：189-190

97 铺散矢车菊 *Centaurea diffusa* Lam.

【异名】*Centaurea sabulosa* Ledeb. ex Spreng.

【英文名】diffuse knapweed，white knapweed，tumble knapweed

【形态特征】菊科（Asteraceae）一年生或二年生草本。茎直立或基部稍铺散，高15～50 cm，自基部多分枝，分枝纤细。全部茎枝被稠密的长糙毛及稀疏的蛛丝毛。基生叶及下部茎叶二回羽状全裂，有叶柄，中部茎叶一回羽状全裂，无叶柄，全部叶的末回羽裂片线形，边缘全缘，顶端急尖；上部及接头状花序下部的叶不裂，线形或线状披针形，宽1～3 mm；全部叶上面被长糙毛。头状花序小，极多数，含少数小花，在茎枝顶端排成疏松圆锥花序。总苞卵状圆柱状或圆柱形，直径3～5 mm；总苞片5层，外层与中层披针形或长椭圆形，包括顶端针刺长3～7 mm，不包括边缘针刺宽0.6～1.5 mm，淡黄色或绿色，顶端有坚硬附属物，附属物沿苞片边缘长或短下延，针刺化，顶端针刺长三角形，长1～2 mm，边缘栉齿状针刺1～5对，栉齿状针刺长达1.5 mm，全部顶端针刺斜出，并不作弧形向下反曲之状；内层苞片宽线形，长8 mm，宽1 mm，顶端附属物透明，膜质，附属物边缘或有锯齿。小花淡红色或白色。瘦果倒长卵形，浅黑色，长2 mm，宽不及1 mm，被稀疏的白色短柔毛；无冠毛。

【识别要点】茎直立或基部稍铺散。基生叶及下部茎叶二回羽状全裂，有叶柄，中部茎叶一回羽状全裂，无叶柄，全部叶的末回羽裂片线形，边缘全缘，上部及接头状花序下部的叶不裂，线形或线状披针形。小花淡红色或白色。

【生长习性】常生于受干扰的干旱或半干旱草地、森林阶地，植株喜光耐旱。单株种子产量可达18 000粒，花果期9月。

【危害】铺散矢车菊在我国仅在大连旅顺口区发现，分布较少，在美国主要危害牧场；分泌化感物质8-羟基喹啉，影响本地物种生长。

【防治方法】加强管理，避免其传播。物理防治主要靠割除、火烧等；化学除草剂毒莠定、2,4-D、草甘膦的防治效果较好。

【原产地】欧洲。

【首次发现时间】我国于1827年在澳门发现，于1909年在辽宁大连首次采集到标本。

【传播方式】种子可随农作物运输、风力、水流及动物活动传播，其中风力是其主要的传播媒介。

【分布区域】在东北地区仅分布于辽宁大连旅顺口区。我国其他地区未见分布。

基生叶

花序

参 考 文 献

Blair AC，Blumenthal D，Hufbauer RA．2012．Hybridization and invasion：an experimental test with diffuse knapweed（*Centaurea diffusa* Lam.）［J］．Evolutionary Applications，5（1）：17-28

Seastedt TR，Gregory N，Buckner D．2003．Effect of biocontrol insects on diffuse knapweed（*Centaurea diffusa*）in a Colorado grassland［J］．Weed Science，51：237-245

Tharayil N，Bhowmik P，Alpert P，et al．2009．Dual purpose secondary compounds：phytotoxin of *Centaurea diffusa* also facilitates nutrient uptake［J］．New Phytologist，181（2）：424-434

Vivanco JM，Bais HP，Stermitz FR，et al．2004．Biogeographical variation in community response to root allelochemistry：novel weapons and exotic invasion［J］．Ecology Letters，7（4）：285-292

二十七、泽　泻　科

98　禾叶慈姑 *Sagittaria graminea* Mich.

【英文名】arrowhead

【中文别名】条叶慈姑

【形态特征】泽泻科（Alismataceae）多年生水生或沼生草本。地下具根状茎，先端形成球茎。叶基生，不裂，长卵形，长40～80 cm。单性花，雌雄同株；花序总状或圆锥状，长5～20 cm，分枝1～2个；小花有梗，3花一轮；苞片3；花被白色；雄花生于总状花序上部4～8（11）节；雌花生于总状花序下部1～3（4）节。聚合瘦果球形，果梗长0.5～1 cm。种子具翼，弯向一侧。

【识别要点】具球茎。叶长卵形。果实球形。种子具弯向一侧的翼。

【生长习性】适应性强，喜光，喜在水肥充足的沟渠及浅水中生长，生长的适宜温度为20～25℃；海拔0～700 m均可生长。球茎10～11月成熟，墨绿色，端部有较长的顶芽，每株可形成10～20个球茎。霜冻后地上部分枯死；翌年5月末至6月初从宿存的绿色球茎发出新芽。花期7～8月，果期8～9月。

【危害】新传入我国的危险性杂草，在美国属B级杂草，危害性较大。无性繁殖能力强，能快速形成单优种群落，在河流或沟渠中密集生长而阻碍水流畅通；球茎

在稻田中扩散难以根除。禾叶慈姑有与当地水生杂草野慈姑杂交产生超级杂草的潜在风险。

【防治方法】加强检疫，严禁调运混有禾叶慈姑种子与球茎的种苗。春季将其球茎及根状茎拔出，晒干。化学防治将吡嘧磺隆与莎稗磷、丙草胺、苯噻草胺除草剂混用，防治效果较好。配合防汛泄洪工作，加强河道淤泥清理，可有效控制河口湿地的禾叶慈姑。

【用途】禾叶慈姑在城市排污口附近、富营养低位泥滩，对净化水质、清新环境有一定的作用；球茎肉质坚实，含丰富淀粉质，无味，可食；枝叶也较为鲜嫩，配合稻谷可作饲料。

【原产地】北美洲。

【首次发现时间与引入途径】我国于2010年在辽宁丹东鸭绿江河口湿地首次发现，随水流传入，也可能是随鸟类迁徙由澳大利亚传入。

【传播方式】果实可随水流传播；根状茎与球茎可能随河岸整治、河道清淤等被移至他处。

【分布区域】在东北仅分布于辽宁丹东。我国东北地区湿地均为其适生区。

群落

花

参 考 文 献

黄胜君. 2013. 外来杂草禾叶慈姑的控制与利用 [J]. 辽宁农业科学，(1)：36-37

张彦文，黄胜君，赵兴楠，等. 2010. 鸭绿江口湿地新记录外来种——禾叶慈姑 [J]. 武汉植物学研究，
　　28（5）：631-633

张彦文，黄胜君，赵兴楠，等. 2011. 潮汐对鸭绿江口湿地入侵种禾叶慈姑分布的影响 [J]. 辽东学院
　　（自然科学版），18（1）：39-44

赵兴楠. 2011. 入侵种禾叶慈姑在异质生境的生长与资源配置 [D]. 长春：东北师范大学博士学位论文

二十八、禾 本 科

99 苏丹草 *Sorghum sudanense*（Piper）Stapf

【异名】*Andropogon sorghum* Brot., *Andropogon Sudanense* Piper., *Sorghum exigum* Roshev.

【英文名】Soudan grass, sudanka, sorgo sudanese

【中文别名】野高粱、野饲用高粱

【形态特征】禾本科（Gramineae）一年生草本。须根系发达，粗壮，深可达 2.5 m。茎直立，高 1～3 m，粗 0.3～2.0 cm；分蘖力强，侧枝 15～25 个，自基部发出，丛生。叶鞘基部者长于节间，上部者短于节间，无毛，或基部及鞘口具柔毛；叶舌硬膜质，棕褐色，顶端具毛；无叶耳；叶片 7～8，线形或线状披针形，长 15～30 cm，宽 1～3 cm，向先端渐狭而尖锐，中部以下逐渐收狭，上面暗绿色或嵌有紫褐色的斑块，背面淡绿色，中脉粗，在背面隆起，两面无毛。圆锥花序分枝开展，长 15～30 cm，宽 6～12 cm，主轴具棱，棱间具浅沟槽，每一分枝具 2～5 节，具微毛；每节着生两枚小穗，无柄小穗长椭圆形或长椭圆状披针形，长 6～7.5 mm，宽 2～3 mm；外颖纸质，边缘内折，具 11～13 脉，脉可达基部，脉间通常具横脉，内颖背部圆凸，具 5～7 脉，可达中部或中部以下，脉间亦具横脉；外稃卵形或卵状椭圆形，长 3.5～4.5 mm，顶端具 0.5～1 mm 的裂缝，自裂缝间伸出长 10～16 mm 的芒，内稃椭圆状披针形，透明膜质，长 5～6.5 mm，无毛或边缘具纤毛；雄蕊 3，花药长圆形，长约 4 mm；花柱 2 枚，柱头帚状。有柄小穗宿存，为雄花或中性花，长 5.5～8 mm，绿黄色至紫褐色；稃体透明膜质，无芒。颖果扁卵形，籽粒全被内外稃包被。种子颜色有黄色、紫色、黑色。

【识别要点】秆光滑无毛。叶片表面光滑，正面深绿色，背面淡绿色，叶鞘长于或短于节间，全包茎，无叶耳。结实小穗颖厚且有光泽，成熟时与小穗轴节间及小穗柄同时脱落；籽粒全被内外稃包被。

【生长习性】喜温暖，耐旱、耐盐碱，不耐寒，忌水淹，在砂壤土、重黏土、弱酸性和轻度盐渍土均可生长，刈割后再生能力强，生长迅速，易形成高大株丛；海拔 10～1000 m 均可生长。种子发芽最低温度 8～10℃，最适温度 20～30℃。苗期对低温敏感，2～3℃时即遭受冻害，12～13℃时几乎停止生长，短日照植物，种子成熟极不一致，花果期 8～10 月，生育期 100～120 d。

【危害】农田、路边杂草，属一般性入侵杂草。苏丹草是我国进境植物检疫危险性病害玉米细菌性枯萎病菌（*Erwinia stewartii*）的隐症寄主，玉米感染此菌后植株矮缩或枯萎，对玉米特别是甜玉米造成极大危害；也是进境植物检疫危险性昆虫高粱瘿蚊（*Contarinia sorghicola*）和危险性细菌玉米内州萎蔫病菌（*Clavibacter michisganensis* subsp. *nebraskensis*）的寄主之一。

【防治方法】控制引种，严格管理。

【用途】优良牧草，可青饲、青贮或调制干草。

【原产地】非洲北部苏丹高原地区。

【首次发现时间与引入途径】我国于20世纪30年代初从美国作为牧草引入。吉林于1958年在延边珲春采集到标本；黑龙江于1951年在安达采集到标本。

【传播方式】主要依靠种子调运传播。

【分布区域】在东北主要分布于辽宁大连、鞍山、丹东和阜新，吉林白城和延边，黑龙江安达。安徽、北京、福建、贵州、河南、内蒙古、宁夏、陕西、新疆和浙江等地均有分布或栽培。海南岛北部至内蒙古均为其适生区。

参 考 文 献

顾淑颖，张宝民，韩成满，等. 2010. 苏丹草的栽培技术和利用方法［J］. 草业与畜牧，（4）：61-62

满红. 2012. 苏丹草的高产栽培及饲用价值［J］. 北京农业，（10）：32

徐玉鹏，武之新，赵忠祥. 2003. 苏丹草的适应性及在我国农牧业生产中的发展前景［J］. 草业科学，20（7）：23-25

100 石茅 *Sorghum halepense*（L.）Pers.

【异名】*Bothriochloa yunnanensis* W. Z. Fang，*Andropogon tonkinensis* Balansa，*Andropogon zollingeri* Steud.，*Andropogon fascicularis* Roxb.，*Sorghum fasciculare*（Roxb.）Haines

【英文名】Johnson grass，Egyptian-grass

【中文别名】约翰逊草、宿根高粱、阿拉伯高粱、假高粱

【形态特征】禾本科（Gramineae）多年生草本。有地下横走根状茎。秆直立，高1～3 m，茎直径约5 mm。叶阔线状披针形，长25～80 cm，宽1～4 cm；基部有白色绢状疏柔毛，中脉白色而厚；叶舌长约1.8 mm，具缘毛。圆锥花序长20～50 cm，淡紫色至紫黑色；分枝轮生，基部有白色柔毛，分枝上生出小枝，小枝顶端着生总状花序；穗轴具关节，较纤细，具纤毛；小穗成对，一具柄，一无柄；有柄小穗较狭，长约4 mm，颖片草质，无芒；无柄小穗椭圆形，长3.5～4 mm，二颖片革质，近等长；第一颖的顶端具3齿，第二颖的上部1/3处具脊；每小穗1小花，第一外稃膜质透明，被纤毛，第二外稃长约为颖片的1/3，顶端微2裂，主脉由齿间伸出呈小尖头或芒，椭圆形，长约1.4 mm，暗紫色（未成熟的呈麦秆黄色或带紫色），光亮，被柔毛；第二颖基部带有一枝小穗轴节段和一枚有柄小穗的小穗柄，二者均具纤毛。去颖颖果倒卵形至椭圆形，长2.6～3.2 mm，宽1.5～2 mm，棕褐色，顶端圆，具2枚宿存花柱。

【识别要点】具长的根状茎。叶舌具缘毛。圆锥花序大型，淡紫色至紫黑色；主轴粗糙，分枝轮生，与主轴交接处有白色柔毛；小穗成对，其中一个具柄，另一个无柄，果实带颖片，去颖颖果棕褐色，倒卵形。

【生长习性】耐肥，喜湿润（特别是定

期灌溉处）及疏松的土壤；海拔10～1000 m均可生长。石茅常混杂于苜蓿、黄麻、棉花、洋麻、高粱、玉米、大豆等作物田间，在菜园、幼苗栽培地、葡萄园、烟草地里也有发生，也生长在沟渠附近、河流及湖泊沿岸。花期6～7月，果期7～9月，种子和根状茎繁殖。每个圆锥花序可结500～2000个颖果。颖果成熟后散落于土壤中，保持3～4年仍能萌发。新成熟的颖果有休眠期，因此，在当年秋天不能发芽。地下根状茎不耐高温，暴露在50～60℃下2～3 d即会死亡。脱水或受水淹，都能影响根状茎的成活和萌发。

【危害】世界性的恶性杂草，是我国进境植物检疫危险性杂草；是我国进境植物检疫危险性真菌玉米霜霉病菌（*Peronosclerospora* spp.）、危险性昆虫高粱瘿蚊、危险性细菌玉米萎蔫病菌及其他多种致病微生物和害虫的寄主，为最重要的检疫杂草，其繁殖能力非常强，通过种子和地下发达根状茎繁殖，一旦定居，很难清除，入侵地生物多样性明显降低，对本土植物影响较大。通过生态位竞争妨碍农田、果园和茶园的30多种作物生长，使之减产。石茅具有一定毒性，在苗期和高温、干旱等不良条件下，体内产生氢氰酸；可与同属其他种杂交，对同属作物造成基因污染甚至产生"超级杂草"。

【防治方法】加强检疫，截获种子。对于进口粮食中所带石茅种子，目前经济有效的方法是在严防撒漏的情况下，做粉碎处理。人工拔除，配合伏耕和秋耕除草；用暂时积水的方法，抑制其生长；对于小范围生长的石茅植株，可采用挖掘根状茎进行销毁处理。化学防治，可使用草甘膦或盖草能等除草剂。

【原产地】地中海地区。

【首次发现时间与引入途径】我国最初于20世纪初从日本引到台湾南部栽培，同一时期在香港和广东北部发现归化，主要随进口粮食传入。辽宁于1980年在沈阳、营口发现。

【传播方式】种子混杂在粮食中是其远距离传播的主要途径。种子还可随水流传播，根状茎可以在地下扩散蔓延，也可以被货物携带向较远距离传播。

【分布区域】在东北主要分布于辽宁沈阳、大连和营口。山东、贵州、福建、河北、广西、广东、北京、甘肃、安徽和江苏等地局部发生。我国大部分地区为其适生区。

花序

植株

根状茎

参 考 文 献

黄红娟，张朝贤，孟庆会，等. 2008. 外来入侵杂草假高粱的化感潜力 [J]. 生态学杂志，27（7）：1234-1237

黄娴，虞赟，沈建国，等. 2008. 假高粱入侵中国的风险分析 [J]. 江西农业学报，20（9）：92-94

李扬汉，王建书. 1994. 假高粱籽实的萌发与颖壳的关系 [J]. 植物检疫，8（6）：321-323

李振宇，解焱. 2002. 中国外来入侵种 [M]. 北京：中国林业出版社

王建书，李扬汉. 1995. 假高粱的生物学特性、传播及其防治和利用 [J]. 杂草科学，（1）：14-16

吴海荣，强胜，段惠，等. 2004. 假高粱的特征特性及控制 [J]. 杂草科学，（1）：52-54

徐海根，强胜，韩正敏，等. 2004. 中国外来入侵物种的分布与传入路径分析 [J]. 生物多样性，12（6）：626-638

张金兰. 1989. 假高粱的分布及危害 [J]. 植物检疫，3（2）：135-136

张瑞平，詹逢吉. 2000. 假高粱的生物学特性及防除方法 [J]. 杂草科学，（3）：11-12

101 多花黑麦草 *Lolium multiflorum* Lamk.

【异名】*Lolium multiflorum* var. *siculum*（Parl.）Maire，*Lolium westerwoldicum* Breakw.

【英文名】Italian ryegrass

【中文别名】意大利黑麦草、一年生黑麦草

【形态特征】禾本科（Gramineae）一年生或越年生草本。须根密集细弱。秆成疏丛，直立，高50～90 cm。叶鞘较疏松裹茎，叶舌较小或不明显，叶片长10～15 cm，宽3～5 mm，质地柔软。穗状花序扁平，长10～20 cm，宽5～8 mm，穗轴长7～13 mm，小穗以背面对向穗轴，长10～18 mm，宽3～5 mm，含10～15（20）小花；小穗轴节间长约1 mm，光滑无毛，颖片质地较硬，具狭膜质边缘，具5～7脉，长5～8 mm，通常与第一小花等长；外稃披针形，质较薄，顶端膜质透明，具5脉，基盘微小，第一小花外稃长6 mm，芒细弱，长约5 mm，上部小花可无芒，内稃与外稃等长，边缘内折，脊上具微小纤毛。颖果长2.5～3.4 mm，宽1～1.2 mm，褐色至棕色，顶端钝圆，具绒毛，脐不明显；腹面凹陷，中间具沟。种子千粒重为2.0～2.2 g。

【识别要点】须根密集细弱。秆多数，直立。叶鞘较疏松裹茎，叶舌较小或不明显；叶片质地柔软。穗状花序扁平，小穗含小花较多，可达15朵小花，外稃光滑，显著具芒。

【生长习性】喜温暖、湿润气候，在昼夜温度为27℃/12℃时，生长最快，耐潮湿，不耐严寒，忌积水；喜壤土，也适宜黏壤土；最适宜土壤pH 6～7，在pH5或8时仍可适应；耐牧，即使重牧之后仍能迅速恢复生长。

【危害】农田、路边杂草，属一般性入侵杂草，是赤霉病和冠锈病等农作物病虫害的宿主；是我国进境植物检疫潜在危险性真菌禾谷类晕斑病菌（*Selenophoma donacis* var. *stomaticola*）、细菌鸭茅蜜穗病菌（*Rathayibacter rathayi*）和牧草细菌性枯萎病菌（*Xanthomonas translucens* pv. *graminis*）的寄主。

【防治方法】控制引种，严格管理。

【用途】青饲、青贮、调制青干草和放

牧利用；可作为先锋草种或保护草种用于草坪。

【原产地】欧洲南部、非洲北部。

【首次发现时间与引入途径】我国首次发现时间不详，作为牧草有意引进。

【传播方式】主要依靠种子调运传播。

【分布区域】在东北主要分布于辽宁沈阳和大连。北京、河北、山东、陕西和内蒙古等地均有分布。我国大部分地区为其适生区。

群落

花序

小穗

参 考 文 献

王宇涛，辛国荣，杨中艺，等. 2010. 多花黑麦草的应用研究进展 [J]. 草业科学，27（3）：118-123

杨志刚，沈益新，刘信宝. 2002. 黑麦草生产在农业产业结构调整中的作用及亟待解决的问题 [J]. 畜牧与兽医，34（3）：41-43

102 野牛草 *Buchloe dactyloides*（**Nutt.**）**Engelm.**

【异名】*Sesleria dactyloides* Nutt.，*Calanthera dactyloides*（Nutt.）Kunth

【英文名】Buffalo grass

【中文别名】水牛草

【形态特征】禾本科（Gramineae）多年生低矮草本。茎匍匐，较细弱，株高 6～25 cm。叶片线形，长 25～30 cm，宽 1～2 mm，叶质较好，整个生长季内，叶色为蓝绿色。叶片卷曲，被有稀疏的表皮毛，叶舌背有柔毛。雌雄同株或异株；雄花序 2～8，呈总状；雌花序成球形，为上部有些膨大的叶鞘所包裹；雄性小穗含 2 小花，无柄，成二列紧密覆瓦状排列于穗的一侧；颖较宽，不等长，具 1 脉；外稃长于颖，白色，先端稍钝，具 3 脉；内稃约等长于外稃，具 2 脊；雌性小穗含 1 小花，常 4～5 枚簇生成头状花序，花序长 7～9 mm，此种花序又常两个并生于一隐藏在上部叶鞘内的共同短梗上，成熟时自梗上整个脱落；第一颖位于花序内侧，质薄，具小尖头，有时亦可退化；第二颖位于花序外侧，硬革质，背部圆形，下部膨大，上部紧缩，先端有 3 个绿色裂片，边缘内卷，脉不明显；外稃厚膜质，卵状披针形，背腹压扁，具 3 脉，下部宽而上部窄，亦具 3 个绿色裂片，中间裂片特大；内稃约与外稃等长，下部宽广而上部卷折，具 2 脉。颖果包被在聚合状的颖苞中，每一花序含 1～5 粒种子。通常种子成熟时，自梗上整个脱落。

【识别要点】匍匐茎。叶蓝绿色，叶舌背有柔毛。花雌雄同株或异株，雄花序 2～8 枚，排成总状；雌性小穗含 1 花，4～5 枚簇生成头状，颖果包被在聚合状的颖苞中。

【生长习性】适应性强，喜光，亦能耐半阴，耐土壤瘠薄，适宜的土壤范围较广，具较强的耐寒能力，在我国东北、西北积雪覆盖下，－34℃能安全越冬；夏季耐热、耐旱，在 2～3 个月严重干旱情况下，仍不致死亡。野牛草具匍匐生长的特性，匍匐茎发达，有时也有根状茎发生。匍匐茎的侵占性、生长习性及草皮的致密特性使其具有较强的水土保持能力；竞争力强，具一定的耐践踏能力。

【危害】农田、路边杂草，属一般性入侵杂草。

【防治方法】控制引种；可用草甘膦和芳氧苯氧丙酸类除草剂等进行化学防治。

【用途】野牛草匍匐茎延伸结成厚密的草皮，为我国北方应用最多的暖地型草坪植物，应用于低养护的地方，如高速公路旁、机场跑道和高尔夫球场等次级高草区。

【原产地】北美洲西部。

【首次发现时间与引入途径】我国于 20 世纪 50 年代作为水土保持植物引入，在甘肃首先试种，后在中国西北、华北及东北地区广泛种植。辽宁于 1976 年在旅顺（现大连旅顺口区）采集到标本。

【传播方式】种子随动物或混杂在其他种子中传播，或随草坪移植传播。

【分布区域】在东北主要分布于辽宁沈阳、大连。我国西北、华北及东北地区为其适生区。

植株　雄花序　果穗

参 考 文 献

李德颖. 1995. 野牛草种子休眠机理初探［J］. 园艺学报, 22（4）: 377-380

刘彦明、杨会英、李根军. 2005. 野牛草的草坪建植与养护管理［J］. 河北林业科技,（4）: 58-60

周莹洁、王显国、张新全. 2011. 野牛草种质基于 SRAP 标记的遗传多样性研究［J］. 草业科学, 28（11）: 1930-1935

103 橘草 *Cymbopogon goeringii*（Steud.）A. Camus

【异名】*Andropogon goeringii* Steud., *Cymbopogon angustispica* Nakai

【英文名】lemongrass

【中文别名】野香茅、桔草

【形态特征】禾本科（Gramineae）多年生植物, 全株有香气。秆直立丛生, 高 60～100cm, 节下被白粉或微毛。叶鞘无毛, 下部者聚集秆基, 质地较厚, 内面棕红色, 老后向外反卷, 顶端长渐尖成丝状, 边缘微粗糙, 除基部下面被微毛外通常无毛。上部生微毛; 向后反折; 先端杯形, 毛向上渐长。无柄小穗长圆状披针形, 第一颖背部扁平, 下部稍窄, 略凹陷, 上部具宽翼, 翼缘密生锯齿状, 微粗糙, 柱头帚刷状, 棕褐色, 从小穗中部两侧伸出。花序上部的颖较短, 披针形, 上部侧脉与翼缘微粗糙, 边缘具纤毛。

【识别要点】全草长可达 1 m 左右, 秆丛生, 较细软, 无毛。叶片条形, 有白粉, 叶鞘基部破裂反卷, 内面红棕色。全体有香气。

【生长习性】生长于海拔 1500 m 以下的丘陵山坡草地、荒野和平原路旁。花果期 7～10 月。

【危害】危害农田、草坪、城市绿化带。

【防治方法】人工拔除。

【用途】嫩时可作饲料, 成长以后茎、叶可造纸、盖屋或提制芳香油。橘草具有止咳平喘、祛风除湿、通经止痛、止泻之功效。

【原产地】墨西哥。

【首次发现时间】我国于1958年首次在甘肃文县采集到标本。辽宁于2013年报道在大连旅顺口区发现。

【传播方式】随人类活动无意传播。

【分布区域】目前东北地区仅分布于辽宁大连。河北、河南、山东、江苏、安徽、浙江、江西、福建、台湾、湖北和湖南均有分布。我国北方大部分地区为其适生区。

茎

小穗

参 考 文 献

张淑梅，闫雪，王萌，等. 2013. 大连地区外来入侵植物现状报道［J］. 辽宁师范大学学报（自然科学版），36（3）：393-399

104 毒麦 *Lolium temulentum* L.

【异名】*Lolium temulentum* var. *macrochaeton* A. Braun, *Lolium temulentum* var. *leptochaeton* A. Braun, *Lolium album* Steud., *Lolium triticoides* Janka

【英文名】poison ryegrass，bearded ryegrass，darnel

【中文别名】黑麦子、小尾巴麦子、闹心麦

【形态特征】禾本科（Gramineae）一年生或越年生草本。须根较稀，分蘖力较强，一般生有4~9个分蘖。茎直立丛生，高50~110 cm，光滑坚硬，有3~4节。叶鞘较松弛，长于节间；叶舌膜质，长约1 mm；叶耳狭窄，叶片无毛或微粗糙，长6~40 cm，宽3~13 mm，质地较薄。穗状花序长5~40 cm，宽1~1.5 cm，有12~14个小穗；穗轴节间长5~7 mm，小穗含4~5小花，单生而无柄，侧扁；第一颖退化，第二颖与小穗等长或略过之，狭膜质边缘，质地坚硬，具5~9脉；外稃质地薄，基盘较小，具5脉，顶端稍下方有芒，芒长1~2 cm，自近外稃顶稍下方伸出，内稃几与外稃等长，脊上具有微小纤毛。颖果矩圆形，腹面凹陷成一宽沟，并与内稃嵌合。种子褐黄色到棕色，坚硬，无光泽。

【识别要点】草本，秆丛生，排列较疏，分蘖力较强。叶子薄而狭长。小穗有4~5小花，外稃有芒；小穗背腹面对向穗轴呈穗状花序。颖果呈紫色。

【生长习性】生于低海拔地区田间。分蘖力较强；种子繁殖，幼苗或种子越冬，夏季抽穗。

【危害】主要混于麦类作物田中生长，是我国进境植物检疫危险性杂草。籽实糊粉层受毒麦菌（*Stromatinia temulenta*）侵染，产生毒麦碱，人、畜食后都能中毒，尤其未成熟的毒麦或在多雨季节收获时混入收获物中的毒麦毒力最大。毒麦分蘖力强，影响麦类生长，降低其产量和质量。

【防治方法】加强植物检疫，精选种子，避免用混有毒麦的麦种播种，防止其向新区传播。在麦田管理中发现毒麦应及时拔除；可采用禾草灵、异丙隆等化学防除。

【用途】由于毒麦茎叶无毒，可作牧草。在国外，正研究用毒麦恢复植被、防止水土流失和治理污泥。

【原产地】欧洲、北非。

【首次发现时间】20世纪40年代传入中国。黑龙江于1957年在黑河采集到标本。

【传播方式】随调运麦种而传播。

【分布区域】在东北主要分布于辽宁沈阳和大连，吉林长春，黑龙江哈尔滨、齐齐哈尔、牡丹江和黑河。我国大部分地区为其适生区。

参 考 文 献

高洪权，桂华，王春琳，等. 1994. 毒麦生物学特性及防除技术初步研究［J］. 植保技术与推广，（1）：19

郭琼霞，黄可辉. 1998. 危险性杂草毒麦 *Lolium temulentum* 与其近似种的形态研究［J］. 武夷科学，13（12）：52-55

林金成，强胜，吴海荣，等. 2004. 毒麦（*Lolium temulentum* L.）［J］. 杂草科学，（3）：53-55

刘培廷. 1995. 对毒麦疫情的监测［J］. 植物检疫，9（6）：339-340

石鸿文，孙化峰，李鼎祥，等. 1991. 毒麦的习性及防除技术初探［J］. 河南科技，（12）：12-13

夏云梅. 2002. 毒麦的发生及防治［J］. 云南农业，（6）：16

许捷，顾立新. 1997. 毒麦生物学特性的观察［J］. 杂草科学，（3）：6-7

张吉昌. 2000. 毒麦的生物学试验及防除简报［J］. 植物检疫，14（3）：192

105 芒颖大麦草 *Hordeum jubatum* L.

【异名】*Elymus jubatus*（L.）Link，*Critesion jubatum*（L.）Nevski，*Hordeum pampeanum*（Hauman）Herter

【英文名】foxtail barley

【中文别名】芒麦草、狐尾草

【形态特征】禾本科（Gramineae）越年生草本，全株有白色长硬毛。秆丛生，直立或基部稍倾斜，高 30～80 cm，具 3～5 节，单一或分枝。叶线形或线状披针形，叶片扁平，粗糙；长 6～12 cm，宽 1.5～3.5 cm。基部合生，两面均有半贴生长白毛，背面中脉凸起。叶鞘下部者长于节间，中部以上者短于节间，叶舌干膜质、截平，长约 0.5 mm。穗状花序柔软，绿色或稍带紫色，长约 10 cm（包括芒）；穗轴成熟时逐节断落，棱边具短硬纤毛；三联小穗两侧者各具长于 1 mm 的柄，两颖为长 5～6 cm 的弯软细芒状，其小花通常退化为芒状，稀为雄性；中间无柄小穗的颖长 4.5～6.5 cm，细而弯；外稃披针形，长 5～6 mm，先端具长达 7 cm 的细芒；内稃与外稃等长。颖果长椭圆形，长 3～3.5 mm，宽 0.8～1.1 mm，淡褐色，顶端圆钝，具黄色绒毛，种脐不明显，腹面凹陷，胚椭圆形。

【识别要点】秆丛生，直立或基部稍倾斜。叶片扁平，粗糙；叶舌干膜质、截平。穗状花序柔软，绿色或稍带紫色，外稃具 7cm 左右的细芒。

【生长习性】生长于路旁和田野以及旱作物地。花期 6～8 月，果期 7～9 月。

【危害】一般性杂草；农田有生长，危害旱作物，为麦类作物田间的主要杂草。

【防治方法】严禁引种；用恶唑禾草灵等化学防除。

【用途】可作为牧草和观赏草；具有较强的耐镁特性，可作为菱镁矿区撂荒地生态恢复的植物。

【原产地】北美洲及亚欧大陆的寒温带。

【首次发现时间】我国最早于 1926 年在辽宁旅顺（现大连旅顺口区）采集到标本。黑龙江于 1951 年在哈尔滨采集到标本；吉林于 1929 年采集到标本。

【传播方式】种子随风传播或混杂其他植物种子或货物中传播。

【分布区域】在东北主要分布于辽宁沈阳、大连、盘锦和锦州，吉林长春、通化和延边，黑龙江哈尔滨、齐齐哈尔、绥化、大庆和牡丹江。我国华北和西北地区均为其适生区。

群落

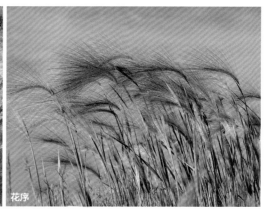

花序

参 考 文 献

蔡云飞，王伟华，石竹. 2013. 山东植物新记录——芒颖大麦草 *Hordeum jubatum*（Gramineae）[J]. 山东林业科技，（3）：78，109

方英，赵琼，台培东，等. 2012. 芒颖大麦草对菱镁矿粉尘污染的生态适应性 [J]. 应用生态学报，23（12）：3474-3478

杨博，央金卓嘎，潘晓云，等.2010. 中国外来陆生草本植物：多样性和生态学特性 [J]. 生物多样性，18（6）：660-666

106 梯牧草 *Phleum pratense* L.

【异名】*Phleum nodosum* L.，*Phleum villosum* Opiz

【英文名】timothy

【中文别名】猫尾草、布狗尾、长穗狸尾草、猫公树

【形态特征】禾本科（Gramineae）多年生疏丛型草本。有短根状茎，须根发达。茎直立，高 80～110 cm，节间短，6～7 节，下部节多斜生，基部 1～2 节处较发达，膨大呈球形。叶片扁平细长，光滑无毛，尖端锐，长 10～30 cm，宽 0.3～0.8 cm，叶鞘松弛抱茎，长于节间；叶舌为三角形，膜质，长 2～5 cm。叶耳为圆形。圆锥花序灰绿色，小穗紧密，呈柱状，长 5～10 cm；每个小穗仅有一花，两侧压扁，几无柄，脱节于颖之上。颖膜质，长约 13 mm，具龙骨，3 脉，边缘有硬纤毛，前端平截有短芒；外稃为颖长之半，顶端钝圆无芒；内稃狭薄，略短于外稃。雄蕊 3，子房光滑。颖果。种子细小，近圆形，易与颖分离，千粒重仅为 0.36 g。

【识别要点】有短根状茎，基部稍膨大像鳞茎。叶多数，基生或秆生，扁平狭长。直立圆锥花序秆顶着生，呈猫尾状，小穗密集，1 花，脊上具硬纤毛。颖果。种子细小。

【生长习性】生于山坡、旷野的草丛中。较耐水淹，喜光照，喜冷凉湿润气候，抗寒性非常强，能在北方寒冷、潮湿地区安全越冬，最适生长温度为 16～21℃，幼苗和成株均可耐受－4℃的霜冻，对土壤的要求不严，适应各种类型的土壤，在黏土及壤土上生长最好，耐微酸性及微碱性土壤，最适宜 pH 4.5～5.5 的土壤。花果期 6～8 月。

【危害】农田、路边杂草，属一般性入侵杂草；是我国进境检疫植物危险性细菌牧草细菌性枯萎病菌（*Xanthomonas translucens* pv. *graminis*）的寄主之一。

【防治方法】控制引种，严格管理。

【用途】宜收割用作青饲、青贮或调制干草。梯牧草饲用价值高，是家畜的好饲草，尤以骡、马最喜食；但不宜喂羊，羊食过多，容易引起食欲衰退；是兔、豚鼠、毛丝鼠、八齿鼠等家庭宠物的主要粮食。花粉可制作成花粉疫苗用于修复免疫系统，使身体不再对花粉产生反应。

【原产地】欧洲、亚洲西部。

【首次发现时间与引入途径】我国作为牧草引入，已逸生于路旁、田野和荒芜地。辽宁于 1929 年在抚顺采集到标本；吉林省于 1950 在白山抚松县采集到标本；黑龙江于 1952 年在黑龙江虎林采集到标本。

【传播方式】主要依靠种子调运传播。

【分布区域】在东北主要分布于辽宁抚

顺、吉林白山和延边，黑龙江哈尔滨、佳木斯和鹤岗。河北、山东、河南、甘肃、宁夏和云南等地均有分布。欧亚大陆温带地区均为其适生区。

植株　花序

参 考 文 献

常会宁. 1989. 梯牧草［J］. 黑龙江畜牧兽医，（7）：18-19

沈书龙，张爱俊，姜春义，等. 1995. 苏北沿海垦区麦田梯牧草的化学防除［J］. 江苏农药，（3）：29

朱长山，万四新，李贺敏. 2003.《河南植物志》梯牧草考证及䅟草属二外来种［J］. 武汉植物学研究，21（4）：319-320

107 弯叶画眉草 *Eragrostis curvula*（Schrad.）Nees

【异名】*Poa curvula* Schrad.，*Eragrostis chloromelas* Steud.

【英文名】weeping lovegrass

【形态特征】禾本科（Gramineae）多年生草本。秆密丛生，直立，高 90～120 cm，基部稍压扁，一般具有 5～6 节。叶鞘基部相互跨覆，长于节间数倍，而上部叶鞘又比节间短；下部叶鞘粗糙并疏生刺毛，鞘口具长柔毛；叶片细长丝状，向外弯曲，长 10～40 cm，宽 1～2.5 mm。圆锥花序开展，长 15～35 cm，宽 6～9 cm，花序主轴及分枝单生、对生或轮生，平展或斜上升，二次分枝和小穗柄贴生紧密，小穗柄极短，分枝腋间有毛，小穗长 6～11 mm，宽 1.5～2 mm，有 5～12 小花，排列较疏松，浅绿色；颖披针形，先端渐尖，均具 1 脉，第一颖长约 1.5 mm，第二颖长约 2.5 mm；第一外稃长约 2.5 mm，广长圆形，先端尖或钝，具 3 脉；内稃与外稃近等长，长约 2.3 mm，具 2 脊，无毛，先端圆钝，宿存或缓落；雄蕊 3 枚，花药长约 1.2 mm。

【识别要点】秆密丛生，直立。下部叶鞘粗糙并疏生刺毛，鞘口具长柔毛；叶片细长丝状，向外弯曲。圆锥花序开展，小穗浅绿色，穗柄贴生紧密。

【生长习性】中旱生植物，具有较强的抗寒性和抗旱性，对土壤的要求不严，耐瘠薄土壤，生于砂质坡地、林缘、农田边缘、公路坡面以及植被受到破坏的地段，具广泛的生态可塑性，能够适应多种复杂的环境条件。种子繁殖，也可无性繁殖，花果期 4～9 月。

【危害】弯叶画眉草易染褐斑病及线虫，成为其他作物病害的中间寄主。

【防治方法】严格管理，控制引种。

【用途】常栽培作牧草或布置庭园；多与狗牙根、百喜草等混播，作为护坡草坪、高速公路草坪，或作为水土保持植被，用于水土流失严重的地方，也可用于管理粗放的一般草坪绿地。

【原产地】南非。

【首次发现时间与引入途径】辽宁于 1962 年在大连采集到标本，作为草坪草引入。

【传播方式】以种子传播或随草皮移植传播。

【分布区域】在东北主要分布于辽宁沈阳和大连。在我国华北、华南和西南各地有种植。全世界的温带地区均为其适生区。

花序

参 考 文 献

蔡剑华，游云龙. 1995. 弯叶画眉草在红壤矿区尾砂坝的生态适应性及其防护效果［J］. 环境与开发，（3）：1-5

卢珊. 2011. 利用高光谱遥感影像监测河岸外来植物弯叶画眉草［C］. 地理学核心问题与主线——中国地理学会 2011 年学术年会暨中国科学院新疆生态与地理研究所建所五十年庆典论文摘要集

胥晓刚，王锦平，杨冬升，等. 2003. 弯叶画眉草在风化岩石边坡种植的适应性研究［J］. 公路，（11）：28

108 少花蒺藜草 *Cenchrus pauciflorus* Benth

【异名】*Cenchrus spinifex* Cav.，*Cenchrus parviceps* Shinners

【英文名】field sandbur

【中文别名】疏花蒺藜草、草狗子、草蒺藜

【形态特征】禾本科（Gramineae）一年生草本。须根分布在 5～20 cm 的土层里，具沙套。茎圆柱形，高 30～70 cm，中空，半匍匐状。分蘖力极强。叶条状互生。穗状花序，小穗 1～2 枚簇生成束，其外围由不孕小穗愈合而成的刺苞；刺苞几成球形，长 6.2～6.8 mm，宽 4.2～5.5 mm；刺长 2.0～4.2 mm；具硬毛，淡黄色到深黄色或紫色，刺苞及刺的下部具柔毛；小穗卵形，无柄，长 4.6～4.9 mm，宽 2.5～2.8 mm；第一颖缺如，第二颖与第一外稃均具有 3～5 脉；外稃质硬，背面平坦，先端尖，具 5 脉，上部明显，边缘薄，包卷内稃；内稃凸起，具 2 脉，稍成脊。颖果几呈球形，长 2.7～3.0 mm，宽 2.4～2.7 mm，黄褐色或黑褐色；顶端具残存的花柱；背面平坦，腹面凸起；脐明显，深灰色；下方具种柄残余；胚极大，圆形，几乎占颖果的整个背面。

【识别要点】 小穗外围有不孕小穗愈合而成的球形刺苞。

【生长习性】 喜沙性土壤，极耐旱，侵占性强。少花蒺藜草以种子繁殖。种子在土壤中不同深度遇到适宜的温度、湿度和空气时可随时萌发，遇伏雨后较深层的种子也能迅速萌发。每个刺苞中的两粒种子在适宜条件下只有一粒吸水萌发形成植株，另一粒被抑制，处于几乎不吸水的休眠状态，保持生命力，在萌发形成的植株受损死亡时萌发。生育期约 60 d。

【危害】 我国进境植物检疫潜在危险性杂草，对多种作物地和果园是一种危害严重的恶性杂草，侵入裸露的或新开垦的土地后，能很快占领空间；与其他牧草争光、争水、争肥，抑制其他牧草生长，使草场品质下降，优良牧草产量降低。少花蒺藜草对牲畜危害大，其刺苞非常坚硬，可刺伤人和动物皮肤，混在饲料或牧草里能刺伤动物眼睛、口和舌头。

【防治方法】 在面积大而密度低的地块，3～4 叶期选用防治禾本科杂草药剂如拿捕净进行防除；抽穗开花期选用防治一年生禾本科杂草开花结实的药剂防除。在面积小而密度高的地块，选用灭生性除草剂如农达等除草剂防除。此外，生长早期采用人工拔除效果明显。

【原产地】 北美洲及热带沿海地区。

【首次发现时间与引入途径】 19 世纪 30 年代最先发现于辽宁沈阳，可能随动物引种时带入。吉林于 2010 年在白城发现。

【传播方式】 以种子繁殖，可随交通工具、农事操作、旅游活动等传播。

【分布区域】 在东北主要分布于辽宁沈阳、朝阳、阜新和锦州，吉林白城。我国东北、华北和西北地区均为其适生区。

群落

植株

花序

秆上部

参 考 文 献

安瑞军. 2013. 外来入侵植物——少花蒺藜草学名的考证［J］. 植物保护，39（2）：82-85

杜广明，曹凤芹. 1995. 辽宁省草场的少花蒺藜草及其危害［J］. 中国草地，（3）：71-73

郝阳春，张莹. 2012. 少花蒺藜草在阜新的分布、危害及防控措施［J］. 内蒙古林业调查设计，35（1）：79-80

梁维敏. 2012. 少花蒺藜草的特征、危害及防控措施［J］. 园艺与种苗，（2）：53-55

吕林有，赵艳，王海新，等. 2011. 刈割对入侵植物少花蒺藜草再生生长及繁殖特性的影响［J］. 草业科学，28（1）：100-104

邱月，庄武，曲波，等. 2009. 少花蒺藜草辽宁省分布现状、存在问题及防控建议［J］. 农业环境与发展，26（3）：56-57

王巍，韩志松. 2005. 外来入侵生物——少花蒺藜草在辽宁地区的危害与分布［J］. 草业科学，22（7）：63-64

徐军. 2011. 外来入侵植物——少花蒺藜草的分布与生物学特性研究［D］. 呼和浩特：内蒙古农业大学博士学位论文

109 牛筋草 *Eleusine indica*（L.）Gaertn.

【异名】*Cynosurus indicus* L.，*Echinochloa indica* Gaertn. var. *oligostachya* Honda

【英文名】goosegrass，crowfoot grass，wiregrass，yardgrass，bluegrass，ohishiba

【中文别名】油葫芦草、蟋蟀草、牛顿草、千千踏、忝仔草

【形态特征】禾本科（Gramineae）一年生草本。须根细而密，黄棕色，直径0.5～1 mm。秆丛生，直立或基部膝曲，高15～90 cm，呈扁圆柱形，淡灰绿色，有纵棱，节明显，节间长4～8 mm，直径1～4 mm。叶片扁平或卷折，长达15 cm，宽3～5 mm，无毛或表面具疣状柔毛；叶鞘压扁，具脊，无毛或疏生疣毛，口部有时具柔毛；叶舌长约1 mm。穗状花序，长3～10 cm，宽3～5 mm，常为数个呈指状排列（稀为2个）于茎顶

端；小穗有花 3～6 朵，长 4～7 mm，宽 2～3 mm；颖披针形，第一颖长 1.5～2 mm，第二颖长 2～3 mm；第一外稃长 3～3.5 mm，脊上具狭翼。种子矩圆形，近三角形，长约 1.5 mm，有明显的波状皱纹。

【识别要点】须根深而长。秆扁，丛生，基部倾斜。叶带状，叶鞘扁，鞘口具柔毛。穗状花序呈指状着生。小穗覆瓦状双行紧密排列于穗轴一侧。颖果卵形，表面有波状皱纹。

【生长习性】生于村边、旷野、田边、路边；海拔 800～1000 m 均有分布。种子繁殖。花果期 6～10 月。

【危害】牛筋草是棉花、豆类、薯类、蔬菜、果园和草地等的重要杂草。

【防治方法】韧性强，机械防除的难度较大，可用乙氧氟草醚或砜嘧磺隆等化学防除。

【用途】可作为饲料；也可做药用，防治流行性乙型脑炎。

【原产地】亚洲和非洲热带及亚热带地区。

【首次发现时间】辽宁于 1951 年在朝阳采集到标本；吉林于 1958 年在延边珲春采集到标本。

群落

花序

果穗（刘冰摄）

【传播方式】种子易混杂在其他植物种子中传播，也能随交通工具传播。

【分布区域】东北三省及其他各地均有分布。我国大部分地区为其适生区。

参 考 文 献

向国红，顾建中，王云，等. 2012. 外来入侵植物牛筋草的生物学特性与危害成因［J］. 贵州农业科学，40（8）：37

杨彩宏，冯莉，岳茂峰，等. 2009. 牛筋草种子萌发特性的研究［J］. 杂草科学，（3）：7

杨彩宏，冯莉，杨红梅，等. 2010. 牛筋草种子休眠解除方法研究［J］. 杂草科学，（1）：12-14

110 互花米草 *Spartina alterniflora* Lois.

【异名】*Spartina glabra* var. *alterniflora* (Loisel.) Merr., *Spartina stricta* var. *alterniflora* (Loisel.) A. Gray, *Spartina maritima* var. *alterniflora* (Loisel.) St.-Yves

【英文名】smooth cordgrass

【形态特征】禾本科（Gramineae）多年生草本。地下部分通常由短而细的须根和长而粗的地下茎（根状茎）组成。根系发达，常密布于地下 30 cm 深的土层内，有时可深达 50～100 cm。植株茎秆坚韧、直立，高 1～3 m，直径在 1 cm 以上。茎节具叶鞘，叶腋有腋芽。叶互生，呈长披针形，长可达 90 cm，宽 1.5～2 cm，具盐腺，根吸收的盐分大都由盐腺排出体外，因而叶表面往往有白色粉状的盐霜出现。圆锥花序长 20～45 cm，具 10～20 个穗形总状花序，有 16～24 个小穗，小穗侧扁，长约 1 cm；两性花；子房平滑，两柱头很长，呈白色羽毛状；雄蕊 3 个，花药成熟时纵向开裂，花粉黄色。种子通常 8～12 月成熟，颖果长 0.8～1.5 cm，胚呈浅绿色或蜡黄色。

【识别要点】秆高，直立，不分枝。叶干时内卷，先端渐狭成丝状；叶舌毛环状。圆锥花序由多少直立的穗状花序组成；小穗无毛或脊部稍有毛。颖先端多少急尖，具 1 脉，第一颖短于第二颖。

【生长习性】喜温性植物，生于潮间带。植株耐盐耐淹，抗风浪。根系分布深达 60 cm 的滩土中，单株一年内可繁殖几十甚至上百株。稀疏草滩以茎横走蔓延扩展为主；茂密连片草滩，以种子萌发为主要方式。

【危害】破坏近海生物栖息环境，影响滩涂养殖；堵塞航道，影响船只出港；影响海水交换能力，导致水质下降，并诱发赤潮；威胁本土海岸生态系统，致使大片红树林消失。

【防治方法】物理控制方法是通过人工或机械的措施进行遮盖、水淹或排水、挖根、碎根、火烧、收割等。化学控制方法是使用除草剂草甘膦、咪唑烟酸和米草净等。

【用途】促进泥沙快速沉降和淤积。

【原产地】北美洲与南美洲的大西洋沿岸。

【首次发现时间与引入途径】我国于 1979 年作为保护滩地植物引入。

【传播方式】种子可随风浪传播。根状茎蔓延和种子繁殖。

【分布区域】在东北主要分布于辽宁葫芦岛。福建、浙江、上海、江苏、山东、天津等地的沿海地区均有分布。我国沿海大部分地区均为其适生区。

参 考 文 献

陈中义，付萃长，王海毅，等 . 2005. 互花米草入侵东滩盐沼对大型底栖无脊椎动物群落的影响［J］.
　　湿地科学，（1）：1-7

陈中义，李博，陈家宽 . 2004. 米草属植物入侵的生态后果及管理对策［J］. 生物多样性，12（2）：
　　280-289

邓自发，安树青，智颖飙，等 . 2006. 外来种互花米草入侵模式与爆发机制［J］. 生态学报，26（8）：
　　2678-2686

秦卫华，王智，蒋明康 . 2004. 互花米草对长江口两个湿地自然保护区的入侵［J］. 杂草科学，（4）：
　　15-16

宋连清 . 1997. 互花米草及其对海岸的防护作用［J］. 东海海洋，15（1）：11-19

111 大米草 *Spartina anglica* Hubb.

【英文名】common cordgrass

【中文别名】食人草

【形态特征】禾本科（Gramineae）多年生草本。根两类：一类为长根，数量较少，不分歧，入土深度可达 1 m 以上，另一类为须根，向四面伸展，密布于 30～40 cm 深的土层内。根状茎，株丛高 20～150 cm，丛径 1～3 m，秆直立，无毛，不易倒伏，分蘖多而密聚成丛，高度随生长环境而异。叶鞘大多长于节间，无毛，基部叶鞘常撕裂成纤维状而宿存；叶舌长约 1 mm，具一圈密生的长约 1.5 mm 的白色纤毛；叶片狭披针形，先端渐尖，基部圆形，两面无毛，长约 20 cm，宽 7～15 mm，被蜡质，光滑，两面均有盐腺。穗状花序长 7～11 cm，茎直而靠近主轴，先端常延伸成芒刺状，穗轴具 3 棱，无毛，2～6 枚总状着生于主轴上；小穗单生，长卵状披针形，疏生短柔毛，长 14～18 mm，无柄，成熟时整个脱落；第一颖草质，先端长渐尖，长 6～7 mm，具 1 脉；第二颖先端略钝，长约 14 mm，具 1～3 脉；外稃草质，长约 10 mm，具 1 脉，脊上微粗糙；内稃膜质，长约 11 mm，具 2 脉；花药黄色，长约 5 mm，柱头白色羽毛状；子房无毛。颖果

圆柱形，长约 10 mm，光滑无毛，胚长达颖果的 1/3。

【识别要点】茎秆直立、坚韧，不易倒伏。叶互生，表皮细胞具有大量乳状突起，使水分不易透入；叶两面均有盐腺。穗状花序直立或斜上，呈总状排列，穗轴顶端延伸成刺芒状，小穗含 1 小花，脱节于颖之下，颖及外稃均被短柔毛。

【生长习性】耐水淹，耐淤，耐高温，耐寒，耐石油、乳酚油的污染，能吸收汞及放射性元素铯、锶、镉、锌，适生于海滩潮间带的中潮带。大米草适应幅度大，既能生于海水、盐土，也适应在淡水、软硬泥滩、沙滩地上生长。分蘖力特别强，在潮间第一年可增加几十倍到一百多倍，几年便可连片成草场。7～8 月陆续开花，花果期 8～10 月，成熟种子易脱落，无休眠期，可被潮水漂流扩散至远近各处。

【危害】破坏近海生物栖息环境，影响滩涂养殖，堵塞航道，诱发赤潮。

【防治方法】人工拔除幼草和割除成草可遏制大米草蔓延。国内治理大米草主要采用人工开挖法、生物法、化学除草法和浸泡除草法。

【用途】能吸收污水中80%～90%的氮和磷，能在石油污染下生存，对重金属、放射性同位素、悬浮固体的拦截能力极强；含有17种以上天然氨基酸，是优质牧草；可提炼成食品添加剂，提高食品营养价值。

【原产地】英国南海岸。大米草是欧洲海岸米草和美洲米草的天然杂交种。

【首次发现时间与引入途径】我国于1936年在江苏启东采集到标本，可能作为沿海护堤和改良土壤植物引进，同时生产饲料和造纸原料。辽宁于1982年引入锦西（现为葫芦岛）。

【传播方式】根状茎蔓延和种子繁殖。

【分布区域】在东北主要分布于辽宁大连、丹东和葫芦岛。河北、天津、山东、江苏、上海、浙江、福建、广东、广西等地的海滩均有分布。我国东北及华东沿海地区均为其适生区。

群落

花序　　小穗　　叶表面

参 考 文 献

刘建，杜文琴，马丽娜，等. 2005. 大米草防除剂——米草净的试验研究［J］. 农业环境科学学报，24（2）：410-411

缪伏荣，刘景，王淡华. 2008. 大米草作为饲料原料的开发利用［J］. 饲料广角，（16）：43-44

唐廷贵，张万钧. 2003. 论中国海岸带大米草生态工程效益与"生态入侵"[J]. 中国工程科学，5（3）：15-20

吴敏兰，方志亮. 2005. 大米草与外来生物入侵[J]. 福建水产，（3）：56-59

徐晓军，曹新，由文辉. 2006. 中国北方大米草属植被中大型底栖动物群落的初步研究[J]. 江苏环境科技，19（3）：6-9

张征云，李小宁，孙贻超，等. 2004. 我国海岸滩涂引入大米草的利弊分析[J]. 农业环境与发展，（1）：21-25

112 野燕麦 *Avena fatua* L.

【异名】 *Avena meridionalis*（Malz.）Roshev.，*Avena japonica* Steud.，*Avena fatua* var. *hyugaensis* Yamag.，*Avena fatua* var. *pilosiformis* Yamag.

【英文名】 wild oat

【中文别名】 光稃野燕麦、乌麦、铃铛麦、燕麦草

【形态特征】 禾本科（Gramineae）一年生草本。根系发达，分蘖力强，须根较坚韧。茎秆直立，高 60~120 cm，光滑，具 2~4 节。叶鞘松弛，光滑或基部被柔毛；叶舌膜质透明，长 1~5 mm；叶片扁平，宽 4~12 mm。圆锥花序呈塔形开展，分枝轮生，具角棱，粗糙。小穗疏生，长 18~25 mm，含 2~3 朵小花，其柄弯曲下垂，顶端膨胀；小穗轴节间，密生淡棕色或白色硬毛；两颖近等长，卵状或长圆状披针形，草质，常具 9 脉；边缘白色膜质，先端长渐尖；外稃质地坚硬，下部散生粗毛，芒从稃体中间略下伸，长 2~4 cm，膝曲扭转，内稃短。颖果长圆形，被浅棕色柔毛，腹面有纵沟。

【识别要点】 茎秆直立，单生或丛生。叶鞘松弛，光滑或基部被柔毛，叶舌大而透明。圆锥花序呈塔形开展，分枝轮生；小穗疏生，有 2~3 朵小花，梗长向下弯；两颖近等长，一般 9 脉；外稃质地坚硬，下部散生粗毛，膝曲扭转，内稃短。颖果长圆形。

【生长习性】 性喜凉，适应性较强，多发生在耕地、沟渠边和路旁，是小麦的伴生杂草。花果期 4~9 月。在东北地区，野燕麦于 4 月上旬出苗，4 月中下旬达到出苗高峰，出苗时间可持续 20~30 d，6 月下旬开始抽穗开花，7 月中下旬种子成熟或脱落。成熟种子经 90~150 d 休眠后才萌发。种子贮存 1 年，发芽率大减；贮藏 4 年后，其发芽力完全丧失。

【危害】 世界性的恶性农田杂草，与其他植物争夺肥、水和光照，造成覆盖荫蔽，危害麦类、玉米、高粱、马铃薯、油菜、大豆和胡麻等作物，种子大量混杂于作物内，降低作物的产品质量。野燕麦是我国进境植物检疫三类危险性真菌禾谷类晕斑病菌的寄主之一。

【防治方法】 防除措施包括建立种子田，实行水旱轮作、休闲并伏翻灭草。麦田可用燕麦畏或用禾草灵、野燕枯等在苗期喷雾，大豆及油菜田可用枯草多在苗期喷雾。40% 砜嘧磺隆和 6.9% 骠马乳剂均对野燕麦具有良好的防除效果，还可兼治看麦娘等禾本科杂草，对小麦及下茬作物安全，施一次药即可控制当季野燕麦危害。

【用途】 青贮饲料。

【原产地】 地中海地区。

【首次发现时间与引入途径】 我国于 19

世纪中叶曾先后在香港和福州采到标本。辽宁于1931年采集到标本，可能随进口粮食传入。

【传播方式】种子混杂在其他植物种子中随之传播。

【分布区域】在东北主要分布于辽宁沈阳，黑龙江哈尔滨、大庆、牡丹江和佳木斯。我国东北和西北地区均为其适生区。

参 考 文 献

程亮，朱海霞，郭青云. 2012. 野燕麦生防菌株HZ-31的分离与致病性研究［J］. 西北农业学报，21（6）：167-173

冉生斌. 2012. 不同除草剂对大麦田野燕麦的防效及对大麦品质的影响［J］. 浙江农业科学，（9）：1276-1278

涂鹤龄，邱学林，辛存岳. 1993. 农田野燕麦综合治理关键技术的研究［J］. 中国农业科学，26（4）：49-56

张存利，周晓明，李自玲，等. 2013. 麦田野燕麦发生特点及防除技术［J］. 河南农业，（2）：30

张宗俭，李扬汉. 1996. 野燕麦生防真菌燕麦叶枯菌的分离培养及致病性研究［J］. 中国生物防治，12（4）：171-173

113 洋野黍 *Panicum dichotomiflorum* Michx.

【异名】*Panicum paludosum* Roxb.，*Panicum proliferum* var. *strictum* Griseb.，*Panicum dichotomiflorum* var. *puritanorum* Svenson

【英文名】fall panic grass，autumn millet

【中文别名】野黍子

【形态特征】禾本科（Gramineae）一年生草本。茎多分枝，高30～100 cm，无毛。叶鞘圆筒状，平滑，有光泽；叶舌很短，顶端具长纤毛；叶片线形，长15～40 cm，宽7～20 mm；主脉粗，绿白色。圆锥花序长约30 cm，每节1～5分枝，分枝粗糙，约呈45°上斜；小穗疏生，卵状长椭圆形至披针状长椭圆形，长2.3 mm，平滑；第一颖宽三角形，钝尖或圆钝，包围小穗基部，长为小穗的1/5～1/4；第二颖与小穗等长，具5～7脉；第一外稃与第二颖同形同大；第二外稃长椭圆形，平滑且有光泽，具5脉，在成熟时较明显；雄蕊3。颖果椭圆形，长约2mm，宽约0.8mm，有光泽。

【识别要点】茎多分枝。叶舌顶端具长纤毛。

【生长习性】主要生于荒地、轮作地，为玉米地主要杂草；海拔500～2000 m均可生长。花果期6～10月。

【危害】农田常见杂草，是我国进境植物检疫危险性病害玉米细菌性枯萎病菌（我国尚无此病菌）的隐症寄主，感病植株矮缩或枯萎，对玉米特别是甜玉米能造成极大危害；植株内含大量甾体皂苷，能导致牲畜肝源性光敏症。

【防治方法】种子成熟前拔除。烯草酮可有效防治洋野黍，也可用砜嘧磺隆进行化学防除。

【用途】加强检疫，精选种子。

【原产地】北美洲。

【首次发现时间与引入途径】在台湾有归化，种子可能混杂在进口谷物中传入。辽宁于1994年在沈阳首次发现。

【传播方式】种子混杂在其他作物种子

中传播。

【分布区域】在东北主要分布于辽宁沈阳、大连、丹东、朝阳和鞍山。我国东北、华北和西北地区均为其适生区。

花序　　　　　　　　　　　　茎和叶

参 考 文 献

龙鸿. 1994. 东北黍属植物新记录——洋野黍 [J]. 沈阳农业大学学报，25（3）：354

中文名索引

学 名 索 引